园林景观设计与林业生态化建设

李香菊 杨 洋 刘卫强 著

吉林科学技术出版社

图书在版编目（CIP）数据

园林景观设计与林业生态化建设 / 李香菊, 杨洋,
刘卫强著 . -- 长春 : 吉林科学技术出版社 , 2022.5
ISBN 978-7-5578-9287-6

Ⅰ . ①园… Ⅱ . ①李… ②杨… ③刘… Ⅲ . ①园林设
计—景观设计②林业—生态环境建设 Ⅳ . ① TU986.2
② S718.5

中国版本图书馆 CIP 数据核字 (2022) 第 072955 号

园林景观设计与林业生态化建设

著	李香菊　杨　洋　刘卫强
出 版 人	宛　霞
责任编辑	李玉铃
封面设计	姜乐瑶
制　　版	姜乐瑶
幅面尺寸	170mm×240mm　　1/16
字　　数	260 千字
页　　数	244
印　　张	15.25
印　　数	1-1500 册
版　　次	2022 年 5 月第 1 版
印　　次	2022 年 5 月第 1 次印刷

出　　版	吉林科学技术出版社
发　　行	吉林科学技术出版社
地　　址	长春市净月区福祉大路 5788 号
邮　　编	130118
发行部电话 / 传真	0431-81629529　81629530　81629531
	81629532　81629533　81629534
储运部电话	0431-86059116
编辑部电话	0431-81629518
印　　刷	廊坊市印艺阁数字科技有限公司

书　　号	ISBN 978-7-5578-9287-6
定　　价	48.00 元

前　言

Preface

　　园林工程是一门研究造景技艺的课程，其核心内容在于探讨如何在最大限度地发挥园林综合功能的前提下，解决园林中工程结构物和园林景观的矛盾统一问题，也就是如何解决人与自然的和谐统一问题。园林建设事业的发展，需要一批从事集园林艺术、园林环境改造于一体的园林设计、施工、养护管理方面的应用型专门人才。

　　"生态城市"是城市生态化发展的结果，是社会和谐、经济高效、生态良好的人类宜居的新形式。城市森林是城市生态系统的主体，是城市生态系统中唯一具有自净能力的系统，而城市林业是积极为城市服务并经营和利用城市森林的行业。近半个世纪以来，城市林业得到了迅猛发展，城市森林的研究与应用得到了广泛的重视，越来越多的国家将其视为现代化文明程度的一个重要标志。进入21世纪，"让森林走进城市、让城市拥抱森林"已成为提升城市形象和竞争力、推动区域经济持续健康发展的新理念。城市化发展、城市生态环境变化与城市绿化建设三者应如何相协调、和谐发展已成为当今社会发展不可忽视的重要问题，也是迫切需要深入研究的重要方向。

　　本书首先介绍了园林景观规划、园林花卉景观、城市林业、绿化景观的基本知识，其次详细阐述了园林景观植物，花卉栽培、生长及造景等内容，最后介绍了城市林业的生态建设等，以适应园林景观设计与林业生态化建设的发展现状和趋势。

　　全书包括园林景观规划设计概述、园林景观植物、园林植物造景艺术与设计原理、园林花卉景观基础理论、园林花卉生长发育与环境、园林花卉栽培技术、绿化景观与城市林业、城市林业生态化建设——市区内森林的设计与培育、城市林业生态化建设——郊区森林的规划设计与建立。

　　鉴于作者水平所限，书中难免存在不足之处，敬请广大读者批评指正。

目 录

Contents

第一章　园林景观规划设计概述

第一节　园林景观规划设计基础知识

一、园林景观规划设计概述

景观一词原指"风景""景致"，17世纪，随着欧洲自然风景绘画的繁荣，景观成为专门的绘画术语，专指陆地风景画。在现代，景观的概念更加宽泛。地理学家把它看成一个科学名词，定义为一种地表景象；生态学家把它定义为生态系统；旅游学家把它作为一种资源；艺术家把它看成表现与再现的对象；建筑师把它看成建筑物的配景或背景；居住者和开发商则把它看成城市的街景、园林中的绿化、小品和喷泉叠水等。因此，景观可定义为人类室外生活环境中一切视觉事物的总称，它可以是自然的，也可以是人为的。

景观作为人类视觉审美对象的定义，一直延续到现在。从最早的"城市景色、风景"到"对理想居住环境的蓝图"，再到"注重居住者的生活体验"。现在，我们把景观作为生态系统来研究，研究人与自然之间的关系。因此，景观既是自然景观，也是文化景观和生态景观。

从设计的角度来看，景观则带有更多的人为因素，这有别于自然景观。景观设计是对特定环境进行的有意识的改造行为，从而创造出具有一定社会文化内涵和审美价值的景物。

形式美及设计语言一直贯穿于整个园林景观设计的过程中。园林景观设计的对象涉及自然生态环境、人工建筑环境、人文社会环境等各个领域。园林景观设计是依据自然、生态、社会、行为等科学的原则从事规划与设计，按照一定的公众参与程序来创作，融合于特定公众环境的艺术作品，并以此来提升、陶冶和丰富公众审美经验的艺术。

园林景观设计是一个充分体现人们生活环境品质的设计过程，也是一门改善人们使用与体验户外空间的艺术。

园林景观设计范围广泛，以美化外部空间环境为目的的作品都属于其范畴，包括新城镇的景观总体规划、滨水景观带、公园、广场、居住区、街道以及街头绿地等，几乎涵盖了所有的室外环境空间。

园林景观设计是一门综合性很强的学科，其内容不但涉及艺术、建筑、园林和城市规划，而且与地理学、生态学、美学、环境心理学等多种学科相关。它吸收了这些学科的研究方法和成果：设计概念以城市规划专业总揽全局的思维方法为主导，设计系统以艺术与景观专业的构成要素为主体，环境系统以园林专业所涵盖的内容为基础。

园林景观设计是一门集艺术、科学、工程技术于一体的应用学科。因此，它需要设计者具备相关学科的广博知识。

园林景观设计的形成和发展，是时代赋予的使命。城市的形成是人类改变自然景观、重新利用土地的结果。但在此过程中，人类不尊重自然，肆意破坏地表、气流、水文、森林和植被。特别是工业革命以后，建成大量的道路、住宅、工厂和商业中心，使得许多城市变为柏油、砖瓦、玻璃和钢筋水泥组成的大漠，离自然景观已相去甚远。因远离大自然而产生的心理压迫和精神桎梏、人满为患、城市热岛效应、空气污染、光污染、噪声污染、水环境污染等，这些都使人类的生存品质不断降低。

在我国，园林景观设计是一门年轻的学科，但它有着广阔的发展前景。随着全国各地城镇建设速度的加快、人们环境意识的加强和对生活品质要求的提高，这一学科也越来越受到重视，其对社会进步所产生的影响也越来越广泛。

二、园林景观规划设计的特征

（一）多元化

园林景观设计的构成元素和涉及问题的综合性使它具有多元化，这种多元化体现在与设计相关的自然因素、社会因素的复杂性，以及设计目的、设计方法、实施技术等方面的多样性上。

与景观设计有关的自然因素包括地形、水体、动植物、气候、光照等自然资源，分析并了解它们彼此之间的关系对设计的实施非常关键。比如，不同的地形会影响景观的整体格局，不同的气候条件则会影响景观内栽植的植物种类。

社会因素也是造成景观设计多元化的重要原因，因为景观设计的服务对象是群体大众。现代信息社会的多元化交流以及社会科学的发展，使人们对景观的使用目的、空间开放程度和文化内涵有了不同的理解，这些会在很大程度上影响景观的设计形式。为了满足不同年龄、不同受教育程度和不同职业的人对景观环境的感受，景观设计必然会呈现出多元化的特点。

（二）生态性

生态性是园林景观设计的第二个特征。景观与人类、景观与自然有着密切的联系，在环境问题日益突出的今天，生态性已引起景观设计师的高度重视。

把生态理念引入景观设计中就意味着：首先，设计要尊重物种多样性，减少对资源的掠夺，保持营养和水循环，维持植物环境和动物栖息地的质量；其次，尽可能地使用再生原料制成的材料，将场地上的材料循环使用，最大限度地发挥材料的潜力，减少因生产、加工、运输材料消耗的能源，减少施工中的废弃物；最后，要尊重地域文化，并且保留当地的文化特点。例如，生态原则的一个重要体现是高效率地用水，减少水资源消耗。因此，景观规划设计项目就应考虑利用雨水来解决大部分的景观用水，甚至能够达到完全自给自足，从而实现对城市洁净水资源的零消耗。

园林景观设计对生态的追求与对功能和形式的追求同样重要。从某种意义上来讲，园林景观设计是人类生态系统的设计，是一种基于自然系统自我有机更新能力的再生设计。

（三）时代性

园林景观设计富有鲜明的时代特征，主要体现在以下四个方面。

（1）从过去注重视觉美感的中西方古典园林景观到当今生态学思想的引入，景观设计思想和方法发生的变化，也很大程度地影响了景观的形象。现代景观设计不再仅仅停留于"堆山置石""筑池理水"，而是上升到了提高人们生存环境质量，促进人居环境可持续发展的层面上。

（2）在古代，园林景观设计多停留在花园设计的狭小范围。而今天，园林景观设计介入了更为广泛的环境设计领域，它的范围包括城镇规划、滨水、公园、广场、校园甚至花坛的设计等，几乎涵盖了所有的室外环境空间。

（3）设计的服务对象也有了很大不同。古代园林景观是少数统治阶层和商人贵族等享用的，而今天的园林景观设计则是面向大众、面向普通百姓，充分体现了人性化关怀。

（4）随着现代科技的发展与进步，越来越多的先进施工技术被应用到景观中，人类突破了沙、石、水、木等天然、传统施工材料的限制，开始大量地使用塑料制品、光导纤维、合成金属等新型材料来制作景观作品。例如，塑料制品现在已被普遍地应用于公共雕塑等方面，而各种聚合物则使轻质的、大跨度的室外遮蔽设计更加易于实现。施工材料和施工工艺的进步大大增强了景观的艺术表现力，使现代景观更富生机与活力。

第二节　园林景观规划设计基本类型

一、城市公园

城市公园是以绿地为主，具有较大规模和设施比较完善、可供城市居民休闲之用的城市公共活动空间。城市公园是城市园林景观绿地系统中的一个重要组成部分，由政府或公共团体建设经营，供市民游憩、观赏、娱乐，同时，是人们进行体育锻炼、科普教育的场地，具有改善城市生态、美化环境的作用。城市公园一般以绿地为主，常有大片树林，因此，其又被称为"城市绿肺"。

"现代景观设计之父"奥姆斯特德和他的助手沃克斯合作设计了美国纽约中央公园，开启了现代城市公园设计的先河。此后，世界各地出现了很多不同类型的城市公园，极大地丰富了城市空间环境。

（一）公园的分类

按照公园功能内容的不同可分为综合性公园和主题性公园。

1. 综合性公园

综合性公园是指设备齐全、功能复杂的景园，一般都有明确的功能分区，一个大园可以包括几个小园。

2. 主题性公园

主题性公园是以某一项内容为主或服务于特定对象的专业性较强的景园，比如动物园、植物园、儿童公园、体育公园、森林公园等。

（二）公园设计的要点

（1）公园的布局形式有规则式、自然式、混合式三种。规则式布局严谨，强调几何秩序；自然式布局随意，强调山水意境；混合式布局现代，强调景致丰富。无论选择哪种布局形式，都要结合公园自身的地形情况、环境条件和主题项目而定。

（2）功能分区要合理。公园面向大众，人们的活动和使用要求是公园设计的主要目的，因此，公园的功能分区要合理、明确。特别是综合性公园，常分为文化娱乐区、安静休息区、儿童活动区。

（3）无论何种类型的公园，在设计时均需注意完善附属设施，以方便游客。这些设施包括餐厅、小商店、卫生间、电话亭、垃圾箱、休息椅、公共标志等。

（三）城市公园的主要功能

（1）提供户外活动环境，促进健康。

（2）绿化环保，调节空气。

（3）植物观赏，陶冶性情。

（4）休憩养心，调节心理。

（5）美化城市，繁荣市民文化。

（6）为防灾避难提供安全空地。

二、城市街道

城市街道是城市的构成骨架，属于线性空间，它将城市划分为大大小小的若干块地。并将建筑、广场、湖泊等节点空间串联起来，构成整个城市景观。人们对街道的感知不仅来源于路面本身，还包括街道两侧的建筑，成行的行道树、广场景色及广告牌、立交桥等，这一系列景物的共同作用形成了城市街道的整体形象。

街道景观质量的优劣对人们的精神文明有很大影响；街道景观质量的提高可以增强市民的自豪感和凝聚力；对于外地的旅游者和办公者来说，街道景观代表整个城市给他们留下印象。

城市街道绿化设计是城市街道设计的核心，良好的绿化能构成简约、鲜明、开放的景观。除了美化环境外，街道绿化还可以调节街道附近地区的湿度、吸附尘埃、降低风速、减少噪声，在一定程度上可改善周围环境的小气候。街道绿化是城市景观绿化的重要组成部分之一。

（一）街道绿化设计形式

街道绿化设计形式同样有规则式、自然式和混合式三种，要根据街道环境特色来选用。

1. 规则式

规则式绿化的变化通过树种搭配、前后层次的处理、单株和丛植的交替种植来产生。一般变化幅度较小，节奏感较强。

2. 自然式

自然式绿化适用于人行道及绿地较宽的地带，较为活泼，变化丰富。

3. 混合式

混合式是规则式和自然式相结合的形式。它有两种绿化布置方式：一种是靠近道路边列植行道树，行道树后或树下自然布置低矮灌木和花卉地被；另一种是靠近道路边布置自然式树丛、花丛等，而在远离道路处采用规则的行列式植物。

（二）街道绿化设计的要点

（1）街道绿化占道路总宽的比例为20%～40%。

（2）绿化地种植不得妨碍行人和车辆的视线，特别是在交叉路口的视距三角形范围内，不能布置高度大于0.7m的绿化丛。

（3）街道绿化设计同其他绿化设计一样，要遵循"统一""调和""均衡""节奏和韵律""尺度和比例"五大形式美原则。在植物的配置上要体现多样化和个性化相结合的美学思想。

（4）植物的选择要根据道路的功能、走向、沿街建筑特点以及当地气候、风向等条件综合考虑，因地制宜地将乔木、灌木、地植、花卉组合成各种形式的绿化。

（5）行道树种的选择，要求形态美观、耐修剪、适应性和抗污染能力强、病虫害少、较少污染环境的落花、落果等。

（6）道路休息绿地是城市道路旁供行人短时间游憩的小块绿地，它可增加城市绿地面积，补充城市绿地不足，是附近居民就近休息和活动的场所。因此，道路休息绿地应以植物种植为主，乔木、灌木和花卉相互搭配，提供休息设施如座椅、宣传廊、亭廊、花架等。

街道设施小品和雕塑小品应当摆脱陈旧的观念，强调形式美观、功能多样，设计要体现自然、有趣、活泼、轻松的情感，如大胆地将电话亭、座椅和标识牌艺术化等。

（三）城市地下通道环境设计

地下通道是在城市地面下修筑的供人行走的通道。行人能大量、快速、安全地通过，解决了大城市内的人车交通拥挤和安全问题，同时起到了美化城市景观的作用。地下通道主要设立在交通路口和车站、风景区附近，由简易的小站台、扶手楼梯、电梯、照明灯、排气口、下水道和水泥或马赛克路面组成。它的环境设计要点如下。

1.以交通枢纽站为节点

在交通拥挤的交叉路口等交通枢纽站，地下通道的设置会给交通带来很大的改善。

2. 以便捷通达为目标

在高楼林立的城市中心区，应把高楼楼层内部设施（如大厅、走廊、地下室等）和中心区外部步行设施（如地下过街道、天桥、广场等）衔接，并通过这些步行设施与城市公交车站、地铁站、停车场等交通设施相连，共同组成一个连续的、系统的、功能完善的城市交通系统。

3. 以环境舒适宜人为根本

充满情趣和魅力的地下步行系统使人心情舒畅，有宾至如归之感，特别是有休息功能和集散功能的步行设施尤为如此。花草、绿植可以净化空气；饮水机、垃圾桶可以满足公众之需；自动售货机、自动取款机以及各种方向标志可以为游人提供方便。由于地下通道是地下封闭的步行环境，将商厦、超市、银行和办公大楼连成一体，行人可以不受骄阳、寒风、暴雨、大雪的影响。

三、城市广场

城市广场是城市道路交通体系中具有多种功能的开敞空间，它是城市居民交流活动的场所，是城市环境的重要组成部分之一。城市广场在城市格局中是与道路相连接、较为空旷的部分，一般规模较大，由多种软、硬质景观构成，采用步行交通手段，满足多种社会生活的需求。

城市广场在城市空间环境中最具公共性、开放性、永久性和艺术性，它体现了一个城市的风貌和文明程度，因此其又被誉为"城市客厅"。城市广场的主要职能除了为公众提供活动的开敞空间外，还能增强市民的凝聚力和信心、展示城市形象面貌。

（一）广场的分类

城市广场按其性质、功能和在城市交通网中所处的位置及附属建筑物的特征，可分为以下几类。

1. 集会性广场

集会性广场是用于政治集会、庆典、游行、检阅、礼仪、传统节日活动的广场，如政治广场、市政广场等。它们有强烈的城市地标作用，往往安排在城市中心地带。此类广场的特点是面积较大、多以规划整齐为主、交通方便、场内绿地较少、仅沿周边种植绿地。最为典型的是北京天安门广场、上海人民广场等。

2. 交通广场

交通广场是指有数条交通干道的较大型的交叉口广场，如环形交叉口、桥头广场等。这些广场是城市交通系统的重要组成部分，大多安排在城市交通复杂的地段，和城市主要街道相连。交通广场的主要功能是组织交通，也有装饰街景的作用。在绿化设计上，考虑到交通安全因素，多以矮生植物作点缀，以免阻碍驾驶员的视线。

3. 娱乐休闲广场

在城市中，此类广场的数量最多，主要是为市民提供一个良好的户外活动空间，满足市民休闲、娱乐、交流的需求。

这类广场一般布置在城市商业区、居住区周围，多与公共绿地用地相结合。广场的设计既要保证开敞性，也要有一定的私密性。在地面铺装、绿化、景观小品的设计上，不但要富于趣味，还要能体现所在城市的文化特色。

4. 商业广场

商业广场指用于集市贸易、展销购物的广场，一般布置在商业中心区或大型商业建筑附近，可连接邻近的商场和市场，使商业活动趋于集中。商业广场的作用还体现在能提供一个相对安静的休息场所。因此，它具备广场和绿地的双重特征，并有完善的休息设施。

5. 纪念广场

纪念广场是指用于纪念某些人物或事件的广场，可以布置各种纪念性建筑物、纪念牌和纪念雕塑等。纪念广场应结合城市历史，与城市中有重大象征意义的纪念物配套设置，以便于瞻仰。

（二）广场的空间形式

广场的空间形式很多，按平面形状可分为规则广场和不规则广场，按围合程度可分为封闭式广场、半封闭式广场和开敞式广场；按建筑物的位置可分为周边式广场和岛式广场；按设计的地面标高可分为地面广场、上升式广场和下沉式广场。根据具体使用要求和条件选择适宜的空间形式来组织城市广场空间，满足人们活动及观赏的要求。

（三）广场的设计要素

1. 广场铺装

广场应以硬质景观为主，以便有足够的铺装硬地供人活动，因此，铺装设计是广场设计的重点，许多著名的广场因其精美的铺装而令人印象深刻。广场的铺装设计要新颖独特，必须与周围的整体环境相协调，在设计时应注意以下两点。

（1）铺装材料的选用。材料的选用不能片面追求档次，要与其他景观要素统一考虑；同时要注意使用材料的安全性，避免雨天地面打滑；多选用价廉物美、使用方便、施工简单的材料，如混凝土砌块等。

（2）铺装图案的设计。因为广场是室外空间，所以地面图案的设计应以简洁为主，只在重点部位稍加强调即可。图案的设计应综合考虑材料的色彩、尺度和质感，要善于运用不同的铺装图案来表示不同用途的地面，界定不同的空间特征，也可用以暗示游览的方向。

2. 广场绿化

广场绿化是广场景观形象的重要组成部分，主要包括草坪、树木、花坛等内容，常通过不同的配置方法和裁剪手段营造出不同的环境氛围。绿化设计有以下三个要点。

（1）绿地要保证不少于广场面积 20% 的比例。但要注意的是，大多数广场的基本目的是为人们提供一个开放性的社交空间，那么就要有足够的铺装硬地供人们活动。因此，绿地面积也不能过大。

（2）广场绿化要根据具体情况和广场的功能、性质等进行综合设计，如娱乐休闲广场主要是提供在树荫下休息的环境和点缀城市色彩，因此，可以多考虑树池、花坛等形式；集会性广场的绿化就相对较少，应保证大面积的硬质场地以供集会之用。

（3）选择的植物种类应符合和反映当地特点，便于养护、管理。

3. 广场水景

广场水景主要以水池（常结合喷泉设计）、叠水等形式出现。通过对水的动静、起落等处理手段活跃空间气氛，增加空间的连贯性和趣味性。喷泉是广场水景最常见的形式，它多受声、光、电控制，规模较大、气势不凡，是广场重要的景观焦点。

设置水景时还应考虑安全性，设有防止儿童、盲人跌撞的装置，周围地面应考虑排水、防滑等功能。

4. 广场照明

广场照明应保障交通和行人的安全，并有美化广场夜景的作用。照明灯具形式和数量的选择应与广场的性质、规模、形状、绿化和周围建筑物相适应，并注重节能要求。

5. 景观小品

广场景观小品包括雕塑、座椅、垃圾箱、花台、宣传栏、栏杆等。景观小品要强调时代感，具有个性美，其造型要与广场的总体风格相一致，协调而不单调，丰富而不零乱，着重表现地方气息、文化特色。

（四）广场景观设计原则

1. 系统性原则

城市广场设计应该根据周围环境特征、城市现状和总体规划的要求确定其主要性质和规模，统一规划布局，使多个城市广场相互配合，共同形成城市开放空间体系。

2. 完整性原则

城市广场设计时要保证其功能和环境的完整性。明确广场的主要功能，并在此基础上增加次要功能，主次分明，以确保其功能上的完整性。广场应该充分考虑环境的历史背景、文化内涵、周边建筑风格等问题，以保证其环境的完整性。

3. 生态性原则

现代城市广场设计应该以城市生态环境可持续发展为出发点。在设计中充分引入自然、再现自然，适应当地的生态条件，为市民提供各种活动，进而创造景观优美、绿化充分、环境宜人、健全高效的生态空间。

4. 特色性原则

首先，城市广场应突出人文特性和历史特性。通过特定的使用功能、场地条件、人文主题以及景观艺术处理塑造广场的鲜明特色。同时，继承城市当地本身的历史文脉，适应地方风情、民俗文化，突出地方建筑艺术特色，增强广场的凝聚力和城市旅游吸引力。其次，城市广场还应突出地方自然特色，即适应当地的地形地貌和气温气候等。城市广场应强化地理特征，尽量采用富有地方特色的建筑艺术手法和建筑材料，体现地方园林特色，以适应当地的气候条件。

5. 效益兼顾（多样性）

不同类型的广场都有一定的主导功能，但是现代城市广场的功能却向综合性和多样性衍生，满足不同类型的人群不同方面的行为、心理需要，具有艺术性、娱乐性、休闲性和纪念性。给人们提供了能满足不同需要的多样化空间环境。

6. 突出主题原则

围绕着主要功能，明确广场的主题，形成广场的特色和内聚力与外引力。因此，在城市广场规划设计中应力求突出城市广场在塑造城市形象、满足人们多层次活动需要以及改善城市环境的三大功能，并体现时代特征、城市特色和广场主题。

四、庭院设计

庭院设计和古代造园的概念很接近，主要是建筑群或建筑群内部的室外空间设计。相对而言，庭院的使用者较少，功能也较为简单。现代庭院设计主要是居住区内部的景观设计，以及公司或机构的建筑庭院设计，前者的使用者是居住区内的居民，后者的使用者是公司职员和公司来访者。除此之外，还有私人别墅的庭院设计。

随着人们对自己所生活与生存的环境质量要求的提高，居住区内部的环境条件越来越被大众关注，特别是在一些高档小区，其内部的景观设计往往是楼盘销售的卖点。因此，从设计的规模和质量上讲，城市居住区的景观设计已成为庭院设计最重要的形式。

庭院设计应以人们的需求为出发点，美国著名心理学家马斯洛将人的需求分为五个层次：生理的需求、安全的需求、社交的需求、尊重的需求和自我实现的需求。因此，一个好的居住或工作环境，应该让身处其中的人感到安全、方便和舒适。这也是庭院设计的基础要求。

（一）庭院设计风格

现代庭院设计的风格主要有中国传统式、西方传统式、日本式庭院、现代式庭院。

1. 中国传统式

这种庭院形式是中国传统园林的缩影，讲求"虽由人作，宛自天开"的诗画意境。由于庭院面积一般较小，故要巧妙设计，常采取"简化"或"仿意"的手法创造出写意的画境，如庭院设计中常将亭子、廊、花窗和小青瓦压顶的云墙等典型形象简化，以抽象形式来表现传统风格。

在平面布局上，采用自然式园路，园路的铺装常用卵石与自然岩板组合嵌铺。水池是不规则形状，池岸边缘常用黄石叠置成驳岸，并与草坪相衔接；庭院中常用假山，可在假山上装置流泉。植物的种植遵循其原有形态，常结合草坪适量栽种梅、竹、菊、美人蕉或芭蕉。

2. 西方传统式

这种庭院形式是以文艺复兴时期意大利庭院样式为蓝本，受欧洲美学思想的影响，强调整齐、规则、秩序、均衡等，与中国式庭院赏心的意境相比，西方传统式庭院给人的感觉是悦目。

在庭院的平面布局上，常用轴线作引导的几何形图案；通过古典式喷泉、壁泉、拱廊、雕塑等经典形象表现；植物以常绿树为主，配以整形绿篱、模纹花坛等，进而取得俯视的图案美效果。

3. 日本式庭院

这种庭院形式是以日本庭院风格为摹本。日本的写意庭院，在很大程度上是盆景式庭院，它的代表是"枯山水"。"枯山水"用石块象征山峦，用白沙象征湖海，只点缀少量的灌木、苔藓或蕨类。

在具体应用上，庭院以置石为主景，表现自然天成，置石取横向纹理水平展开，呈现出伏式置法；铺地常用块石或碎砂，点块石于步道，犹如随意抛掷而成；庭院分隔墙多用篱笆扎成，不开漏窗，显得古朴。日本式庭院由于精致小巧、便于维护，常用于面积较小的庭院中。

4. 现代式庭院

现代式庭院设计渐渐模糊了界限，更多的是关注"人性化"设计——注重尺度的"宜人""亲人"，充分考虑现代人的生活方式，运用现代造景素材，形成鲜明的时代感，整体风格简约、明快。

现代式庭院的具体表现手法：一般都栽植棕榈科植物，主要采用彩色花岗岩或彩色混凝土预制砖做铺地材料，常用嵌草、步石、汀步等；可设置彩色的景墙，如拉毛墙、彩色卵石墙、马赛克墙等；水池为自由式形状，常作为游泳池使用；喷泉的设计要丰富一些，强调人的参与性，并常与灯光艺术相结合。

（二）庭院道路设计

庭院道路是城市道路的延续，是庭院环境的构成骨架和基础。它不但要满足人们出行的需要，而且对整个景观环境质量产生重要的影响。

1.道路分级

庭院的道路规划设计以居住区道路最为复杂。按照道路的功能要求和实践经验，居住区道路宜分为三级，有些大型居住区的道路可分为四级。

（1）居住区级道路是居住区的主要干道，它首先解决居住区的内外交通联系问题，其次起着联系居住区内各个小区的作用。居住区级道路要保证消防车、救护车、小区班车、搬家车、工程维修车、小汽车等的通行。按照规定，道路的红线宽度不宜小于20m，一般为20～30m，车行道宽度一般不小于9m。

（2）小区级道路是居住区的次要道路，它划分并联系着住宅组团，同时还联系着小区的公共建筑和中心绿地，一些规模小的居住区可不设小区级道路。小区级道路的车行道宽度应允许两辆机动车对开，宽度为5～8m，红线宽度根据具体规划要求确定。

（3）组团级道路是从小区级道路分支出来、通往住宅组团内部道路，主要通行自行车、小轿车，同时还要满足消防车、搬家车和救护车的通行要求。组团级道路的车行道宽度为4～6m。

（4）宅前小路是通向各户或各单元入口的道路，是居民区道路系统的末梢。宅前小路的路面宽度最好能保证救护车、搬家车、小轿车、送货车到达单元门前，因此，宽度不宜小于2.5m。

2.机动车停放组织

随着经济的发展，汽车逐渐普及，不论是在居民区，还是在公司或机构的庭院内部，经常有机动车出入，选择不同的机动车停放方式，会对庭院道路规划设计产生很大的影响。机动车的停放方式常见的有路面停车、建筑底层停车、地下车库、独立式车库等。停车方式的选择与规划应根据整个庭院的道路交通组织规划来安排，以方便、经济、安全为基本原则。

（1）路面停车。是庭院中使用得最多的一种停车方式，其优点是造价低、使用方便，但当停车量较大时，会严重影响庭院的环境质量。路面停车位平均用地面积约为 16m^2。

（2）建筑底层停车。利用建筑的底层做停车场，其优点是没有视觉环境污染，并且腾出的场地能用作绿地；缺点是受建筑底层面积的限制，停车的数量有限。中高层建筑的底层（包括地面、地下和半地下）停车还独具优点：建筑电梯直通入底层，缩短了住宅与车库的距离，避免了不良气候的干扰，极大方便了使用者。

（3）地下车库。利用居住区的住宅楼公共服务中心、大面积绿地、广场的底部做地下车库，停车面积较大，能充分利用土地，减少了噪声影响。在设计时要注意人流与车流的分离，停车场出入口不能设在人群聚集之处。

（4）独立式车库。虽然能极大改善庭院的环境质量，但要占用大面积绿地，经济成本自然很高。

3. 道路设计要点

（1）在道路系统的设计中，人的活动路线是设计的重要依据，道路的走向要便于人们的日常出行。人们都希望通过最短的路线到达目的地，因此，在道路设计时要充分考虑人的这一心理特征，选择经济、便捷的道路布局，而不能单纯追求设计图纸上的构图美观。

（2）道路的线型、断面形式等，应与整个庭院的规划结构和建筑群体的布置有机结合。道路的宽度应考虑工程管线的合理铺设。

（3）车行道应通至住宅每单元的入口处。建筑物外墙与人行道边缘的距离应不小于 1.5m，与车行道边缘的距离应不小于 3m。

（4）尽端式道路长度不宜超过 120m，在端头处应设回车场。

（5）当车行道为单车道时，每隔 150m 左右应设置车辆会让处。

（6）道路绿化设计时，在道路交叉口或转弯处种植的树木应不影响行驶车辆的视距，必须留出安全视距，即在这个范围内，不能选用体形高大的树木，只能用高度不超过 0.7m 的灌木、花卉与草坪等。

（7）道路绿化中，其行道树的选择要避免与城市道路的树种相同，从而体现庭院不同于城市街道的性质。在居住区的道路绿化中，应考虑弥补住宅建筑的单调雷同，从植物材料的选择、配植上采取多样化，从而组合成不同的绿色景观。

（三）庭院绿地小品设计

1. 庭院绿化设计

庭院绿化是指庭院内可供人们公共使用的绿化用地。它是城市绿地系统的最基本组成部分，与人的关系最密切，对人的影响最大。其中居住区绿地作为人居环境的重要因素之一，是居民生活不可缺少的户外空间，它不但创造了良好的休闲环境，也提供了丰富的活动场地。单位附属绿地能创造良好的工作环境，促进人们的身心健康，进一步激发工作和学习的热情，此外，对提高企业形象、展示企业精神面貌起到不可忽视的作用。

（1）庭院绿地的组成与指标，庭院绿地的组成以居住区绿地最为详细，按其功能、性质和大小，可分为以下四种类型。

①公共绿地包括居住区公园、组团绿地、儿童游戏场和其他块状、带状公共绿地等，供居民区居民公共使用的绿地。

②专用绿地是公共建筑和公共设施的专用绿地，包括居住区的学校、幼托、小超市、活动中心、锅炉房等专门使用的绿地。

③宅旁绿地指住宅四周的绿地。它是居民最常使用的休息场地，在居住区中分布最广，对居住环境的影响最为明显。

④道路绿地指道路两旁的绿地和行道树。

庭院绿地的指标已成为衡量人们生活、工作质量的重要标准，它由平均每人的公共绿地面积和绿地率（绿地占居住区总用地的比例）组成。在发达国家，庭院绿地指标通常都较高，以居住区为例，达到人均 $3m^2$ 以上，绿化率在 30% 以上。住宅组团不少于人均 $0.5m^2$，居住小区（含组团）不少于人均 $1m^2$，居住区（含小区）不少于人均 $1.5m^2$；对绿地率的要求是新区不低于 30%，旧区改造不低于 25%。

（2）绿地的设计有以下三个原则。

①系统性指庭院的绿地设计要从庭院的总体规划出发，结合周围建筑的布局、功能特点，加上对人的行为心理需求和当地的文化因素的综合考虑，创造出有特色、多层次、多功能、序列完整的规划布局，形成一个具有整体性的系统，为人们创造幽静、优美的生活和工作环境。

②亲和性。绿地的亲和性体现在可达性和尺度上。可达性指绿地无论是集中

设置还是分散设置，都必须选址于人们经常经过并能顺利到达的地方，否则会降低绿地环境的使用率。庭院绿化在所有绿地系统中与人的生活最为贴近，加上用地的限制，一般不会太大，不像广场一样具有开阔的场地，因此，绿地的形状和尺度设计要有亲和性，以取得平易近人的感观效果。

③实用性。绿地的设计要注重实用性，不能仅以绿地为目的，具有实际功能的绿化空间才会对人产生明确的吸引力，因此，在规划时应区分游戏、晨练、休息与交往等不同空间，充分利用绿化来反映其区域特点，方便人们使用。此外，绿地植物的配置，应注重实用性和经济性，名贵和难以维护的树种尽量少用，应以适应当地气候特点的树种为主。

（3）绿地的形式。从总体布局上来说，绿地按造园形式可分为自然式、规则式、混合式三种。

①自然式绿地以中国古典园林绿地为蓝本，模仿自然，不讲求严整对称。其特点是：道路、草坪、花木、山石等都遵循自然规律，采用自然形式布置，浓缩自然美景于庭院中；花草树木的栽植常与自然地形、人工山丘融为一体；自然式绿地富有诗情画意，宜创造出幽静别致的景观环境，在居住区公共绿地中常采用这种形式。

②规则式绿地以西方古典园林绿地为蓝本，通常采用几何图形布置方法，有明显轴线，从整个布局到花草树木的种植都讲求对称、均衡，特别是主要道路旁的树木依轴线成行或对称排列，绿地中的花卉布置也多以模纹花坛的形式出现。规则式绿地具有庄重、整齐的效果，在面积不大的庭院内适合采用这种形式，但它往往使景观一览无余，缺乏活泼和自然感。

③混合式即自然式和规则式相结合。它根据地形特点和建筑分布，灵活布局，既能与周围建筑相协调，又能保证绿地的艺术效果，是最具现代气息的绿地设计形式。

（4）园路的设计。园路是绿地的骨架和脉络，起着组织空间、引导游览的作用。园路按其性质和功能可以分为主路、次路及游憩小径。主路的路线宽度一般为 4 ~ 6m，能满足较大人流量和少量管理用车的要求；次路的路面宽度一般为 2 ~ 4m，能通行小型服务用车；游憩小径供人们散步休息之用。线型自由流畅。路面宽度一般为 1 ~ 2m。

园路的设计主要有以下几个要点。

①园路的主要功能是观光游览，因此，它的布局一般以捷径为准则。园路线型多自由流畅，一方面是地形的要求；另一方面是功能与艺术的要求。游人的视线随着路蜿蜒起伏，饱览不断变化的景观。

②园路必须主次分明、引导性强，使游人从不同地点、不同方向都能欣赏到不同的景致。

③园路的疏密与绿地的大小、性质和地形有关；较之小块绿地，规模大的绿地园路就布置得较多；安静休息区园路布置得较少，活动区相对较多；地形复杂的地方园路布置得也较少。

（5）绿地植物的选择。庭院植物的选用范围很广，乔木、灌木、藤木、竹类、花卉、草皮植物都可使用，在选择植物时要注意以下五点：

①大部分植物宜选择易管理、易生长、少修剪、少虫害、具有地方特色的优良树种，这样能减少维护管理的费用。

②选择耐阴树种，因为现在的建筑楼层较高并占据日照条件好的位置，这样绿地往往处于阴影之中，所以选择耐阴树种便于成活。

③选择无飞絮、无毒、无刺激性和无污染物的树种。

④选择一些芳香型的树种，如香樟、广玉兰、桂花、蜡梅、栀子等。在居民区的活动场所周围最适宜种植芳香类植物，可以为居民提供一个健康而又美观的自然环境。

⑤草坪植物的选择要符合上人草坪和不上人草坪的设计要求，并能适应当地的气候条件和日照情况。

（6）绿地中的花坛设计。在庭院的户外场地或路边布置花坛，种植花木、花草，对环境有很好的装饰作用，花坛的组合形式有独立花坛、组群花坛、带状花坛、连续花坛、下沉花坛等，花坛的设计要注意以下三点：

①作为主景的花坛，外形多呈对称状，其纵横轴常与庭院的主轴线相重合；作为配景的花坛一般在主景垂轴两侧。

②花坛的单体面积不宜过大，因以平面观赏为主，故植床不能太高，为创造亲切宜人的氛围，植床高于地面10cm为好，或采用下沉式花坛。

③花坛在数量的设置上，要避免单调或杂乱，要保持整个庭院绿化的整体性和简洁性。

2. 庭院小品设计

庭院小品能改善人们的生活质量、提高人们的欣赏品位，方便人们的生活学习。一个个设计精良、造型优美的小品对提高环境品质起到了重要作用。小品的设计应结合庭院空间的特征和尺度、建筑的形式和风格以及人们的文化素养和企业形象综合考虑。小品的形式和内容应与环境协调统一，形成有机的整体。因此，在设计上要遵循整体性、实用性、艺术性、趣味性和地方性的原则。

（1）庭院出入口是人们对庭院的第一印象，它能起到标志、分隔、警卫、装饰的作用，在设计时要感觉亲切、色彩明快、造型新颖，同时能体现出地域特点，表现出一种民族特色文化。

（2）休息亭廊。几乎所有的居住小区都设计有休息亭廊，它们大多结合公共绿地布置，供人们休息、遮阴避雨。亭廊的造型设计新颖别致，是庭院重要的景观小品。

（3）庭院水景有动态与静态之分。动态水景以水的动势和声响，给庭院环境增添了引人入胜的魅力，活跃了空间气氛，增加了空间的连贯性和趣味性。静态水景平稳、安详，给人以宁静和舒坦之美，利用水体倒影、光源变幻可产生令人叹为观止的艺术效果。另外，居住区的水景设计要考虑居民的参与性，这样能创造出一种轻松、亲切的小区环境，如旱地喷泉、人工溪涧、游泳池等都是深受人们喜爱的水景形式。

（四）庭院游戏场地与活动场地设计

庭院的游戏场地与活动场地为人们提供了一个交往、娱乐、休息的场所。在居住区的设计中，它是人性化设计最直接的体现。庭院游戏场地主要是指儿童游戏场所，它是居住区整体环境中最活跃的组成部分。而庭院活动场地是指供庭院所有居民活动娱乐的场地。

1. 儿童游戏场地设计

（1）场地设计原则。

①儿童精力旺盛、活动量大，但耐久性差，因此，场地要宽敞，游戏设备要丰富，色彩鲜艳。

②可根据居住区地形的变化巧妙设计，达到事半功倍的效果。比如，利用地势高差，可设计成下沉式或抬升式游戏场地，形成相对独立、安静的游戏空间。

③儿童在游戏时往往不注意周围的车辆或行人，因此，在设计场地时，要避免交通道路穿越中的安全隐患。

④场地的设置要尽量避免对周围住户的噪声干扰。游戏场四周可种植浓密的乔木或灌木，形成相对封闭且独立的空间，这样不仅可以减少对周围居民的干扰，也有利于儿童的活动安全。

（2）儿童游戏场地的主要设施。

①草坪与地面铺装。设计时应注重地形平坦、面积较大，适宜儿童奔跑、玩耍。草坪，尤其适合于幼儿，在草坪上活动既安全又卫生，只是养护管理成本更高。地面铺装的材料多采用软质铺装，如人造弹性材料、木质地坪等，铺装图案可设计得更儿童化。

②沙坑是一项重要的游戏设施，深受儿童喜爱。儿童可凭借自身的想象力堆砌各种造型，可激发艺术创造力。沙坑可布置在草坪或硬质铺地内，面积占 $2m^2$ 左右，沙坑深度以 30cm 为宜。沙坑最好在向阳处，便于给沙消毒，为保持沙的清洁，应定期更换沙料。

③水景。儿童都喜欢与水亲近，因此，在儿童游戏场内，可设计参与性水景，如涉水池、溪涧、旱地喷泉等。这些水景在夏季不但可供儿童游戏，还可改善场地小气候。涉水池、溪涧的水深以 15 ~ 30 cm 为宜，平面形式可丰富多样，水面上可设计一些妙趣横生的汀步或结合游戏器械如小滑梯等。

④游戏器械有滑梯、秋千、跷跷板、转椅、攀登架、吊环等，适合不同年龄段的儿童使用。组合游戏器械由玻璃钢或高强度塑料制成，色彩鲜艳而有一定弹性，儿童使用较为安全。在国外居住区的游戏场内，常可见到利用一些工程及工业废品如旧轮胎、旧电杆、下水管道等制成的儿童游戏器械，这样不但可降低游戏场的造价，而且能够充分引导儿童的想象力与创造力。

2. 成人活动场地设计

居住区活动场地的主要功能是满足居民休闲娱乐和锻炼健身的需要，是邻里交往的重要场所。特别是对于老年人，规划设计合理的活动场地，为老年人自发性活动与社会性活动创造积极的条件，以充实老年人的精神生活。

（1）活动场地的分类。

①社会交往空间。邻里交往的场所设计应考虑安全、舒适、方便，其位置常出现在建筑物的出入口、步行道的交汇点和日常使用频繁的小区服务设施附近。

②景观观赏空间。观赏区域为居民与自然的亲密接触创造了条件。从观赏区域观赏景物，视野开阔，并能欣赏到小区最美的景观。

③健身锻炼是居民室外活动的重要内容，居民在这个空间里可以做操、跳舞、步行、晒太阳等，有的居民区还配有室外健身器材，供居民锻炼。

（2）活动场地的空间类型及设计要点。

①中心活动区。它是居民区最大的活动场所，可分为动态活动区和静态活动区两种。动态活动区多以休闲广场的形式出现，其地面必须平坦防滑，居民可在此进行球类、做操、舞蹈、练功等健身活动；静态活动区可利用树荫、廊亭、花架等空间，供居民在此观景、聊天、下棋及其他娱乐活动。动、静活动区应相互保持一定距离，以免相互干扰，静态活动区最好能观赏到动态活动区的活动。

中心活动区可以是一个独立的区域，也可以设在公共设施和小区中心绿地的附近。为了避免干扰，应与附近的车道保持一定距离。

②局部活动区。规模较大的居住区应分布若干个局部活动区，以满足喜欢就近活动的居民。这类场所宜安排在地势平坦的地方，大小依居住区规模而定，最大可到羽毛球场大小，能容纳拳术、做操等各种动态活动。活动区的场地周围应设遮阴和休息处，以供居民观赏与休息。

③私密性活动区。居民也有私密性活动的要求，因此，应设置若干私密性活动区。这类空间应设置在宁静之处，而不是人潮聚集的地方，同时要避免被主干道路穿过。私密性活动区常利用植物等来遮掩视线或隔离外界，以免成为外界的视点，并最好能欣赏到优美的景观。

私密性活动区离不开座椅，座椅的设计有常规木制座椅以及花坛边、台阶、矮墙等多种形式的辅助座椅。座椅应布置在环境的凹处、转角等能提供亲切和安全感的地方，每张座椅或每处小憩之地应能形成各自相宜的具体环境。

（五）私家庭院设计要点

1.立意

根据功能需求、艺术要求、环境条件等因素综合考虑所产生出来的总设计意图。立意既关系到设计目的，又是在设计过程中采用各种构图手法的根据。

2.布局

布局是设计方法和技巧的中心问题。即使有了好的立意和环境条件，但是设计布局凌乱、不合章法，也不可能成为好的作品。布局内容十分广泛，从总体规划到布置建筑及小品的处理都会涉及。

3.尺度与比例

尺度是指空间内各个组成部分与具有一定自然尺度的物体的比较，是设计时不可忽视的一个重要因素。功能、审美和环境特点是决定建筑尺度的依据，正确的尺度应该和功能、审美的要求相一致，并和环境相协调。

4.色彩与质感

色彩与质感的处理和空间的艺术感染力有密切的关系。色彩和质感设计除了考虑主体建筑物的各种材质、性质外，还包括山石、水、树、雕塑、亭子、桥等景物。

5.细节设计

在整体空间里有山水、花草、雕塑等小品，让彼此间相互协调。所以需要把很多的小细节处理好，这样才是一个完整的设计。这些细节主要包括各种灯光、椅子、驳岸、花钵、花架、大门造型等，甚至还包括垃圾桶、水龙头等。

第三节 园林景观设计主要方法

一、树木的配置方法

（一）孤植（单株／丛）

树木的单株或单丛栽植称为孤植，孤植树有两种类型，一种是与园林艺术构图相结合的庇荫树，另一种单纯作为孤赏树应用。前者往往选择体型高大、枝叶茂密、姿态优美的乔木，如银杏、槐、榕、樟、悬铃木、柠檬桉、白桦、无患子、枫杨、柳、青冈栎、七叶树、麻栎、雪松、云杉、桧柏、南洋杉、苏铁、罗汉松、黄山松、柏木等。而后者更加注重孤植树的观赏价值，如白皮松等具有斑驳的树干，枫香、元宝枫等具有鲜艳的秋叶，凤凰木、樱花、紫薇、梅、广玉兰、柿、柑橘等拥有鲜亮的花、果。总之，孤植树作为景观主体、视觉焦点，一定要具有与众不同的观赏效果，能够起到画龙点睛的作用。

孤植树布置的位置较多，可孤植于草坪中、花坛中、水潭边、广场上，在配置孤植树时应注意以下三点：

（1）选择孤植树除了要考虑造型美观、奇特之外，还应该注意植物的生态习性，不同地区可供选择的植物也有所不同。

（2）必须注意孤植树的形体、高矮、姿态等都要与空间大小相协调。开阔空间应选择高大的乔木作为孤植树，而狭小空间则应选择小乔木或者灌木等作为主景，并应避免孤植树处在场地的正中央，而应稍稍偏移，以形成富于动感的景观效果。

（3）在空地、草坪、山冈上配置孤植树时，必须留有适当的观赏视距，并以蓝天、水面、草地等单一的色彩为背景加以衬托。

（二）对植（两株／丛）

对植多用于公园、建筑的出入口两旁或纪念物、蹬道台阶、桥头、园林小品两侧，可以烘托主景，也可以形成配景、夹景。对植往往选择外形整齐、美观的植物，如桧柏、云杉、侧柏、南洋杉、银杏、龙爪槐等，按照构图形式对植可分为对称式和非对称式两种方式。

1. 对称式对植

以主体景观的轴线为对称轴，对称种植两株（丛）品种、大小、高度一致的植物，两株植物种植点的连线应被中轴线垂直平分。对称式对植的两株植物大小、形态、造型需相似，以保证景观效果的统一。

2. 非对称式对植

两株或两丛植物在主轴线两侧按照中心构图法或者杠杆均衡法进行配置，形成动态的平衡。需要注意的是，非对称式对植的两株（丛）植物的动势要向着轴线方向形成左右均衡、相互呼应的状态。与对称式对植相比，非对称式对植要灵活许多。

（三）群植

群植常用于自然式绿地中，一种或多种树木按不等距方式栽植在较大的草坪中，形成"树林"的效果。因此，群植所用植物的数量较多，一般在 10 株以上，具体的数量还要取决于空间大小、观赏效果等因素。树群可做主景或背景，如果两组树群分列两侧，还可以起到透景、框景的作用。

在设计群植植物景观时应该注意以下问题：

（1）按照组成品种数量树群分为纯林和混交林。纯林由一种植物组成，因此，整体性强，壮观、大气。

（2）群植植物的配置应注意观赏效果及季相变化。树群应选择高大、外形美观的乔木构成整个树群的骨架，作为主景，以枝叶密集的植物作为陪衬，选择枝条平展的植物作为过渡或者边缘栽植，以求获得连续、流畅的林冠线和林缘线。树群中既要有观赏中心的主体乔木，又要有衬托主体的添景和配景。

（3）如果按照栽植密度树群可划分为密林和疏林。一般郁闭度在 90% 以上称为密林，遮阴效果好，林内环境阴暗、潮湿、凉爽；疏林的郁闭度为60% ~ 70%，光线能够穿过林冠缝隙，在地面上形成斑驳的树影，林内有一定的光照。实际上，在园林景观中密林和疏林也没有太严格的技术标准，往往取决于人的心理感受和观赏效果。

（4）自然式群植植株栽植应有疏有密，应做到"疏可走马，密不容针"。林冠线、林缘线要有高低起伏和婉转迂回的变化，林中可铺设草坪，开设"天窗"，以利光线进入，增加游人游览的兴趣。

二、草坪、地被的配置方法

（一）草坪

1.草坪的分类

按照所使用的材料，草坪可以分为纯一草坪、混合草坪以及缀花草坪。缀花草坪又分为纯野花矮生组合、野花与草坪组合两类，其中纯野花矮生组合采用多种株高 30cm 以下的一、二年生及多年生品种组成，专门供给对株高有严格要求的场所应用。

2. 草坪景观的配置方法

草坪空间能形成开阔的视野，增加景深和景观层次，并能充分表现地形美，一般铺植在建筑物周围、广场、运动场、林间空地等，供观赏、游憩或作为运动场地之用。

在设计草坪景观时，需要综合考虑景观观赏、实用功能、环境条件等多方面的因素。

（1）面积。尽管草坪景观视野开阔、气势宏大，但由于养护成本相对昂贵、物种构成单一，所以不提倡大面积使用，在满足功能、景观等需要的前提下尽量减少草坪的面积。

（2）空间。从空间构成角度，草坪景观不应一味开阔，要与周围的建筑、树丛、地形等结合，形成一定的空间感和领地感，即达到"高""阔""深""整"的效果。

（3）形状。为了获得自然的景观效果，方便草坪的修剪，草坪的边界应该尽量简单而圆滑，尽量避免复杂的尖角。在建筑物的拐角、规则式铺装的转角处可以栽植地被、灌木等植物，以消除尖角产生的不利影响。

（4）技术要求。通常，草坪栽植需要一系列的自然条件：种植土厚度30cm；pH为6～7；土壤疏松、透气；在不采取任何辅助措施时，坡度应满足排水以及土壤自然安息角的要求。

现代园林绿化中常用草坪类型有结缕草、野牛草、狗牙根草、地毯草、假俭草、黑麦草、早熟禾、剪股颖等。尽管可供选择的草坪品种较多，但从观赏效果和养护成本等方面考虑，在设计草坪景观时还应该首选抗旱、抗病虫害的优良草种，如结缕草，或者使用抗旱的地被植物作为"替代品"。

（二）地被植物

地被植物具有品种多、抗性强、管理粗放等优点，并能够调节气候、组织空间、美化环境、吸引昆虫。因此，地被植物在园林中的应用越来越广泛。

1. 地被植物的分类

园林意义上的地被植物除了众多矮生草本植物外，还包括许多茎叶密集、生长低矮或匍匐型的矮生灌木、竹类及具有蔓生特性的藤本植物等。

2. 地被植物的适用范围

（1）需要保持视野开阔的非活动场地。

（2）阻止游人进入的场地。

（3）可能会出现水土流失，并且很少有人使用的坡面，比如高速公路边坡等。

（4）栽培条件较差的场地，如沙石地、林下、风口、建筑北侧等。

（5）管理不方便，如水源不足、剪草机难进入、大树分枝点低的地方。

（6）杂草猖獗，无法生长草坪的场地。

（7）有需要绿色基底衬托的景观，希望获得自然野化的效果，如某些郊野公园、湿地公园、风景区、自然保护区等。

3. 地被植物的配置方法

（1）根据环境条件选择地被植物。当利用地被植物造景时，必须了解栽植地的环境因素，如光照、温度、湿度、土壤酸碱度等，然后选择能够与之相适应的地被植物，并注意与乔木、灌木、草合理搭配，构成稳定的植物群落。比如，在岸边、林下等阴湿处不宜选草花或者阳性地被，而蕨类与阴性观叶植物比较适宜。

（2）首先明确需要铺植地被的地段，在图纸上圈定种植地被的范围，根据地被植物选择的原则选择地被植物。利用地被植物造景与草坪造景相同，目的是获得统一的景观效果，所以在一定的区域内应有统一的基调，避免应用太多的品种。基于统一的风格，可利用不同深浅的绿色地被取得同色系的协调，也可配以具斑点或条纹的种类，或植以花色鲜艳的草花和叶色美丽的观叶地被，像紫花地丁、白三叶、黄花蒲公英等。

第二章 园林景观植物

第一节 园林植物的分类

一、根据园林植物的生长类型分类

（一）乔木类

乔木是指树体高大、具有明显主干的植物。乔木的高度在植物造景中起着重要作用。按照树体高度可将乔木分为伟乔（＞30m），大乔（20～30 m），中乔（10～20m）及小乔（＜6m）等。

乔木的生长速率取决于品种及环境条件的影响，依据其生长速度，乔木可分为速生树、缓生树等。速生树生长速率快，能很快形成优美的植物景观；缓生树长得慢，但是老化也慢。植物配植时，速生与缓生结合，既能很快形成最佳植物景观效果，也能长时间维持此效果。

乔木按照是否集中落叶可分为常绿乔木和落叶乔木。常绿乔木叶色终年常绿，可做屏障，阻隔不良景观，塑造私密性及分割空间；落叶乔木的叶色、枝干线条、质感及树形等，均随叶片的生长与凋落而显示时序变化的效果，可以营造丰富的群落季相。

乔木按照叶片大小还可分为针叶乔木和阔叶乔木。针叶乔木常表现为粗质感；阔叶乔木叶片大，利于遮阴、减噪等。

（二）灌木类

灌木是指树体矮小（通常在6m以下），无明显主干，茎干自地面生出多数而呈丛生状的植物，又称为丛木类。一部分灌木干、枝等均匍地生长，与地面接触部分可生出不定根而扩大占地范围，如铺地柏等，又被称为匍地类。

根据高度不同，灌木可分为小灌木（1m以下）、中灌木（1~2m）和大灌木（2m以上）。灌木在景观设计上具有围护阻隔的作用，低矮的具有实质性的分隔作用；较高的，其生长高度在人视平线以上，能强化空间的界定。灌木的线条、色彩、质地、形状和花是其主要的视觉特征，其中，以开花灌木观赏价值最高、用途最广，多用于美化重点地段。

（三）藤蔓类

藤蔓类植物地上部分不能直立生长，须攀附于其他支持物向上生长。根据其攀附方式可分为缠绕类（葛藤、紫藤等）、钩刺类（木香、藤本月季等）、卷须及叶攀类（葡萄、铁线莲等）和吸附类（吸附器官多不一样，如凌霄是借助吸附根攀缘，爬山虎是借助吸盘攀缘）等。藤蔓类植物生长所需的地面面积很小，而在空间应用上却可依设计者的构想，给予高矮大小不同的支架，其叶、花、果、枝富有季节性的景观变化，达到各种不同效果。同时，藤蔓植物能形成各种绿荫，减少太阳炫光、反射太阳辐射、降低温度。藤蔓植物还可以柔化生硬呆板的人工墙面、护坡或篱笆，美化市容，在城市绿化空间越来越小的今天，这类用于垂直绿化的植物日益受到重视。

（四）草本花卉类

草本花卉可分为一年生草花、二年生草花、多年生草花和宿根花卉等。该类植物以观花为主，部分具有观叶价值。其品种繁多，花色缤纷，适应性广，多以种子繁殖，短期内可以获得大量植株，群集性强，多表现为群体美。可广泛用于布置花坛、花境、花丛、花群、切花、盆栽或做地被。多年生及宿根花卉可一次种植，多年观赏，管理简便，适应性强。

（五）地被植物类

地被植物泛指将地面覆盖，使泥土不至于裸露，具有覆盖地面、防止土壤冲蚀和美化功能的低矮常绿植物。地被植物可以如草一般覆盖地面，防止泥土裸露，密植还可抑制杂草生长。地被植物能稳定土壤，防止陡坡的土壤被冲刷；也可种植于强阴地、陡峭地及起伏不平等不宜种植草坪或其他植物的地方，提供下层植被。地被植物成熟后，对它们的养护少于同等面积的草坪，与人工草坪相比，在较长时间内，大面积的地被植物层能节约养护所需要的资金和精力。地被植物的形态、叶片大小、颜色、质地等因品种不同而有丰富的变化，或具有季节性的花朵和果实，还可与灌木、藤本、花卉等搭配形成优美的植物景观。

（六）草坪植物类

草坪植物是指园林中用以覆盖地面、需要经常修剪又能正常生长的草种，一般以禾本科多年生草本植物为主，是园林植物中植株小、质感最细的一类。

草坪植物有净化空气、减少尘埃、保持水土、美化环境和创造舒适活动空间等作用，其质感和颜色能散发安稳宁静之感。草坪是园林植物中养护持续时间较长、养护费用较大的一种植物景观。

二、根据园林植物对环境因子的适应能力分类

（一）依据气温因子分类

园林植物根据气温可分为热带树种（如椰子、假槟榔、咖啡、胡椒、可可、榴莲、橡胶、香蕉）、亚热带树种（如苏铁、散尾葵、马尾松、杉木、落羽杉、水松、侧柏、罗汉松、南方红豆杉、荷花玉兰、紫玉兰、含笑、樟树、桂花、相思、紫荆、榕树、香椿）、温带树种（如杨树、槐树、石榴、榆树）及寒带树种（如北美云杉、高山冷杉、新疆落叶松、欧洲赤松、欧洲云杉、欧洲冷杉、新疆冷杉和新疆云杉）等。

每种园林植物对温度的适应能力都不一样，有的适应能力很强，这类植物被称为广温植物，如银杏，爬山虎等；有的则对温度较敏感，适应能力弱，只在较窄温度范围地带分布，称之为狭温植物，如在低温环境中分布的植物雪球藻、雪衣藻，在高温地带分布的植物热带椰子、可可，在高温温泉中分布的某些蓝藻。

在生产实践中，各地还依据树木的耐寒性分为耐寒树种、半耐寒树种、不耐寒树种等，不同地域的划分标准也不一样。

（二）依据水分因子分类

园林植物对水分的要求不一样，据此可分为湿生、旱生和中生树种。

湿生树种：这类树种根系不发达，有些种类树干基部膨大，长出呼吸根、膝状根、支柱根等，如池杉、水松、垂柳等。

旱生树种：为了适应干旱与长期缺乏水分的环境，植物常具发达的根系，植物表层具有发达角质层、栓皮、茸毛或肉茎等，如马尾松、侧柏、木麻黄，沙漠植物极为耐旱。

中生树种：介于两者之间的大多数植物。不同树种对水分条件的适应能力不一样，有的适应幅度较大，有的则较小，如池杉也较耐旱。

（三）依据光照因子分类

根据植物对光强的需要可分为阳性植物（喜光树种）、阴性植物（耐阴树种）和中性植物。阳性树种如杨属、泡桐属、落叶松属、马尾松、黑松等。阴性树种如红豆杉属、八角属、桃叶珊瑚、冬青、杜鹃、六月雪等。

（四）依据空气因子分类

根据植物对空气的作用，可分为抗风类、抗污染类、防尘类和卫生保健类植物。

抗风类：这类植物一般为深根性，枝叶韧性好，如海岸松、黑松、木麻黄等。

抗污染类：这类植物可抗一种或多种污染物质，如抗二氧化硫的树种有银杏、白皮松、圆柏、垂柳、旱柳等，抗氟化物的树种有白皮松、云杉、侧柏、圆柏、朴树、悬铃木等，还有抗氯化物的树种及抗氢化物的树种等。

防尘类：这类植物一般叶面粗糙、多毛、分泌油脂、总叶面积大，如松属植物、构树、柳杉等。

卫生保健类：这类植物能分泌杀菌素，净化空气，有一些分泌物还对人体具有保健作用，如樟树、厚皮香、臭椿等。另外，松柏类常分泌芳香物质。

（五）依据土壤因子分类

依据植物对土壤酸碱度的适应，可分成喜酸性植物（如杜鹃、山茶科的许多植物）和耐碱性土植物（如怪柳、红树、椰子、梭梭柴等）。

依据植物对土壤肥力的适应力，可划分出喜肥植物（如银杏、绣球花等）和耐瘠薄植物（如马尾松、火棘等）。

水土保持类树种，常根系发达，耐旱瘠，固土力强，如刺槐、紫穗槐、沙棘等。

第二节　园林植物的功能作用

一、美化环境

城市植物是城市景观的重要组成部分。春花绚烂、夏日绿荫、秋桂飘香、傲雪寒梅，植物无疑是城市绿化的主体，是形成城市景观的基础，给人以美的享受。

（1）个体之美，不同的城市植物具有不同的生态和形态特征。它们的干、叶，花、果的姿态、大小、形状、质地、色彩和物候期各不相同，因而表现出不同的色彩美、形态美和香气美。

（2）群落之美，自然界植物的分布不是凌乱无章的，而是遵循一定的规律而集合成群落，每个群落都有其特定的外貌。中国地域广大，地理情况差异显著，植物种类繁多，富于地域特色的植物群落是构成城市独特风貌的基础要素。

（3）意境之美，人们在欣赏植物花卉时常进行移情和联想，将植物情感化和人格化，中国古典诗词中有大量植物人格化的优美篇章，以"十大名花"为代表的许多植物在民俗文化中都被人格化了。例如，传统的松、竹、梅配植称为"岁寒三友"；杨柳依依，表示惜别；桑表示家乡等；皇家园林中常用玉兰、海棠、迎春、牡丹、桂花象征"玉堂春富贵"，各个城市的市树、市花也是城市精神的象征。

二、改善环境

（1）供氧吸碳，城市植物的最大功能是通过光合作用制造氧气并吸收二氧化碳。因此，城市植物是空气中二氧化碳和氧气的"调节器"，避免了因城市人口多、工业集中、二氧化碳排放量大、氧气减少给人们身体健康带来的危害。植物是二氧化碳的主要消耗者，城市植物是城市的重要"碳汇"，在全球应对气候变化中的作用和地位将变得越来越重要。

（2）调节气候，在炎热的夏季，树木和草坪庞大的叶面积可以遮阳，有效地反射太阳辐射热，大大减少阳光对地面的直射；树木通过叶片蒸发水分，以降低自身的温度，提高附近的空气湿度，夏季绿地内的气温较非绿地低 3 ~ 5℃，树荫下与无树荫的对比区域温度降低近 4℃，而靠近建筑物地区可降低 10℃左右。城市植物对于缓解城市"热岛效应"起着极为重要的作用。

（3）净化空气，城市植物是净化大气的特殊"过滤器"。叶面粗糙带有分泌物的叶片和枝条，很容易吸附空气中的尘埃，经过雨水冲刷又能恢复吸滞能力。在一定浓度范围内，城市植物对二氧化硫、甲醛、氮氧化物、汞等有害气体具有一定的吸收和净化作用。植物还具有吸收和抵抗光化学烟雾等污染物的能力。

（4）净化水体，许多水生植物和沼生植物对净化城市污水有明显作用。城市中越来越多地建造人工湿地污水处理系统，广泛用于处理生活污水和各种工农业废水。污水进入土壤或水体后，通过绿色植物的吸收、土壤微生物的降解以及土壤的吸附、沉淀、离子交换、黏土矿物固定等一系列过程而得到净化。

（5）减弱噪声，绿化树木的庞大树冠和枝干，可以吸收和隔离噪声，起到"消声器"的作用。在沿街房屋与街道之间，如能有一个 5 ~ 7 米的树林带，就可以有效减轻机动车噪声。

（6）杀灭细菌，很多城市植物的根、茎、叶、花等器官能分泌"植物杀菌素"，可以杀死微生物和病菌或抑制其发展。樟、楠、松、柏、杨树、丁香、山茱萸、皂角、苍术、金银花等都含有一定的杀菌素。如丁香开花时散发的香气中，含有丁香油梵等化学物质，具有较强的净化空气和杀菌能力。

（7）保持水土，降雨时，雨水首先冲击树冠，然后穿过枝叶落地，不直接冲刷地表，从而减少地表土流失；同时，树冠本身还能积蓄一定数量的雨水。此外，树木和草本植物的根系能够固定土壤，而林下往往又有大量落叶、枯枝、苔藓等覆盖物，既能吸收数倍于自身的水分，也有防止水土流失和减少地表径流的作用。

（8）维持生物多样性。园林植物构成的绿地是维持和保护生物多样性的重要场所，是生物保护的"图书馆"，为动物和微生物提供了适宜的栖息地，为提高城市生物物种的丰富度、人与自然和谐相处的生态环境创造了有利条件。

第三节　园林植物景观设计的原则

一、园林植物选择的原则

（一）以乡土植物为主，适当引种外来植物

乡土植物指原产于本地区或通过长期引种、栽培和繁殖已经非常适应本地区的气候和生态环境、生长良好的一类植物。与其他植物相比，乡土植物具有很多优点：

（1）实用性强。乡土植物可食用、药用，可提取香料，可作为化工、造纸、建筑原材料以及绿化观赏。

（2）适应性强。乡土植物适应本地区的自然环境条件，抗污染、抗病虫害能力强，在涵养水分、保持水土、降温增湿、吸尘杀菌、绿化观赏等环境保护和美化中发挥了主导作用。

（3）代表性强。乡土植物，尤其是乡土树种，能够体现当地植物区系特色，代表当地的自然风貌。

（4）文化性强。乡土植物的应用历史较长，许多植物被赋予一些民间传说和典故，具有丰富的文化底蕴。

此外，乡土植物具有繁殖容易、生产快、应用范围广，安全、廉价、养护成

本低等特点，具有较高的推广意义和实际应用价值，因此，在设计中，乡土植物的使用比例应该不小于 70%。

在植物品种的选择中，以乡土植物为主，可以适当引入外来的或者新的植物品种，丰富当地的植物景观。比如，我国北方高寒地带有着极其丰富的早春抗寒野生花卉种质资源，据统计，大、小兴安岭林区有 1300 多种耐寒、观赏价值高的植物，如冰凉花（又称冰里花、侧金盏花）在哈尔滨 3 月中旬开花，遇雪更加艳丽，毫无冻害，另外，大花杓兰、白头翁、翠南报春、荷青花等从 3 月中旬也开始陆续开花。尽管在东北地区无法达到四季有花，但这些野生花卉材料的引入却可将观花期提前 2 个月，延长植物的观花期和绿色期。应该注意的是，在引种过程中，不能盲目跟风，应该以不违背自然规律为前提，另外，应该注意慎重引种，避免将一些入侵植物引入当地，危害当地植物的生存。

（二）以基地条件为依据，选择适合的园林绿化植物

植物的选择应以基地条件为依据，即"适地适树"原则，这是选择园林植物的一项基本原则。要做到这一点必须从两方面入手，其一是对当地的立地条件进行深入细致的调查分析，包括当地的温度、湿度、水文、地质、植被、土壤等条件；其二是对植物的生物学、生态学特性进行深入的调查研究，确定植物正常生长所需的环境因子。一般来讲，乡土植物比较容易适应当地的立地条件，但对于引种植物则不然，所以引种植物在大面积应用之前一定要做引种试验，确保万无一失才可以加以推广。

另外，现状条件还包括一些非自然条件，比如人工设施、使用人群、绿地性质等，在选择植物的时候还要结合这些具体的要求选择植物种类，如行道树应选择分枝点高、易成活、生长快、适应城市环境、耐修剪、耐烟尘的树种，除此之外还应该满足行人遮阴的需要；再如，纪念性园林的植物应选择具有某种象征意义的树种或者与纪念主题有关的树种等。

（三）以落叶乔木为主，合理搭配常绿植物和灌木

在我国，大部分地区都有酷热漫长的夏季，冬季虽然比较寒冷，但阳光较充足，因此，我国的园林绿化树种应该在夏季能够遮阴降温，在冬季要透光增温。落叶乔木必然是首选，加之落叶乔木还兼有绿量大、寿命长、生态效益高等

优点，在城市绿化树种规划中，落叶乔木往往占有较大的比例，比如沈阳市现有的园林树木中落叶乔木占40%以上，不仅季相变化明显，而且生态效益也非常显著。

当然，为了创造多彩的园林景观，除了落叶乔木之外，还应适量地选择一定数量的常绿乔木和灌木，尤其对于冬季景观常绿植物的作用更为重要，但是常绿乔木所占比例应控制在20%以下，否则，不利于绿化功能和效益的发挥。

（四）以速生树种为主，慢生、长寿树种相结合

速生树种短期内就可以成形、见绿，甚至开花结果，对于追求高效的现代园林来说无疑是不错的选择，但是速生树种也存在一些不足，比如寿命短、衰退快等。而与之相反，慢生树种寿命较长，但生长缓慢，短期内不能形成绿化效果。两者正好形成"优势互补"，所以在园林绿地中，因地制宜地选择不同类型的树种是非常必要的。比如，我们希望行道树能够快速形成遮阴效果，所以行道树一般选择速生、耐修剪、易移植的树种；而在游园、公园、庭院的绿地中，可以适当地选择长寿慢生树种。

二、植物景观的配置原则

（一）自然原则

在植物的选择方面，尽量以自然生长状态为主，在配置中要以自然植物群落构成为依据，模仿自然群落组合方式和配置形式，合理选择配置植物，避免单一物种、整齐划一的配置形式，做到"师法自然""虽由人作，宛自天开"。

（二）生态原则

在植物材料的选择、树种的搭配等方面必须最大限度地以改善生态环境、提高生态质量为出发点，也应该尽量多地选择和使用乡土树种，创造出稳定的植物群落；以生态学理论为基础，在充分掌握植物的生物学、生态学特性的基础上，合理布局，科学搭配，使各种植物和谐共存，植物群落稳定发展，从而发挥出最大的生态效益。

（三）文化原则

在植物配置中坚持文化原则，把反映某种人文内涵、象征某种精神品格的植物科学合理地进行配置，可以使城市园林向充满人文内涵的高品位方向发展，使不断演变的城市历史文脉在园林景观中得到延续和显现，形成具有特色的城市园林景观。

（四）美学原则

植物景观不是植物的简单组合，也不是对自然的简单模仿，而是在审美基础上的艺术创作，是园林艺术的进一步发展和提高。在植物景观配置中，植物的形态、色彩、质地及比例应遵循统一、调和、均衡、韵律四大艺术法则，既要突出植物的个体美，又要注重植物的群体美，从而获得整体与局部的协调统一。

综上所述，植物景观是艺术与科学的结合，是在熟练掌握植物的美学、生态学特性及其功能用途的基础上，对于植物及由其构成的景观系统的统筹安排。

第四节　园林植物景观设计

一、林缘线设计

树丛、花丛在地面上的垂直投影轮廓即林缘线。林缘线往往是虚、实空间（树丛为实，草坪为虚）的分界线，也是绿地中明、暗空间的分界线。林缘线直接影响空间、视线及景深，对于自然式植物组团，林缘线应做到曲折流畅——曲折的林缘线能够形成丰富的层次和变化的景深，流畅的林缘线给人以开阔、大气的感觉。自然式植物景观的林缘线有半封闭和全封闭两种。

二、林冠线设计

林冠线是指树林或者树丛立面的轮廓线，林冠线主要影响到景观的立面效果和景观的空间感。不同高度的植物组合会形成高低起伏、富于变化的林冠线，利用圆锥形植物形成这一序列的高潮，利用低矮的平展的植物形成过渡和连接；而由相同高度的植物构成的林冠线平直简单，但常会显得单调，此时最好在视线所及范围内栽植一两株高大乔木，就可以打破这一现象。

通常园林景观中的建筑、地形也会影响到林冠线，此时不仅要考虑植物之间的组合搭配，还应考虑与建筑、地形的组合效果。

三、季相

植物的季相变化是植物景观构成的重要方面，通过合理的植物配置，我们可以创造出独特的植物季相景观。植物季相的表现手法常常是以足够数量或体量的一种或者几种花木成片栽植，在某一季节呈现出特殊的叶色或者花色的变化，即突出某一季节的景观效果，比如杭州西泠印社的杏林草坪突出的是春季景观，花港观鱼的柳林草坪突出的是夏季景观，孤山的麻栎草坪及北京的香山红叶突出的是秋季景观，花港观鱼的雪松草坪以及杭州孤山冬梅景观突出的是冬季景观。季相景观的形成一方面在于植物的选择，另一方面在于植物的配置，其基本原则是，既要具有明显的季相变化，又要避免"偏枯偏荣"，即实现"春花、夏荫、秋实、冬青"。

第五节　植物景观设计趋势

一、继承传统、弘扬文化

环境空间对人的行为、性格和心理都会产生一定的影响，进而影响到一个民族和国家的气质。我国有着优秀的文化积淀，古典园林作为这种文化载体，既展示了"天人合一"为内涵的文化传统，又启迪出人们重视生态环境的深刻意义，把与自然界的"外适"、导致身心健康的"内和"作为人生最根本的享受，实现了人与自然的和谐统一，这是环境空间与人的行为长期相互影响渗透的结果，形成了中国的传统和文化，也是植物景观设计的最高境界。因此，将目光从国外转向国内，积极继承和发扬光大中国古典园林的植物配置精髓，以传统手法在现代景观中的重构作为塑造个性空间的切入点，实现传统与现代的对话，是景观设计的必然趋势。

二、注重地域景观的再现

所谓"地域性"景观，就是指一个地区自然景观与历史文脉的总和，包括它的气候条件、地形地貌、水文地质、动植物资源以及历史、文化资源和人们的各种活动、行为方式等。因此，现代景观设计的发展趋势就在于，充分认识地域性自然景观中植物景观的形成过程和演变规律，并顺应这一规律进行植物配置。不仅要重视植物景观的视觉效果，更要营造出适应当地自然条件、具有自我更新能力、体现当地自然景观风貌的植物类型。植物景观设计应与地形、水系相结合，充分展现当地的地域性自然景观和人文景观特征，避免反自然、反地域、反气候、反季节的植物设计手法。

三、遵循多样性原则

同地域的植物设计，一方面要充分体现当地植物种类的丰富性和植物群落的多样性特征，另一方面应避免雷同的景观面貌，展现出丰富多样的、体现不同社会发展阶段特征的环境空间。例如，以村落田园审美为主的农业文明景观，以规律简洁审美为主的工业文明景观，以及以生态人文审美为主的生态文明景观。同时，景观的多样性也强调植物群落的自然适宜性，力求植物景观在养护管理上的经济性和简便性，尽量避免养护管理费时费工、水肥消耗过高、人工性过强的植物景观设计手法。

四、废弃地的改造利用

植物景观设计在新领域中有所开拓，加大了对废弃地的改造利用，主要表现在对工业废弃地的改造，如裸露山体、废弃矿山、采石场、砖场等脆弱生态区的恢复，以及高密度建筑区、立交桥、垃圾场、屠宰场、停车场等城市潜在绿化空间的利用。例如，通过屋顶造景、墙壁绿化和架空层绿化等方法提供高密度建筑区景观补给；通过采取"立体绿化"的策略，对非独立占地空间（如高架桥、立交桥、屋顶、人行天桥等）进行绿量补充，全面挖掘和增加城市新的绿化空间。从城市到荒漠，这标志着当代景观设计走出了为城市造园的狭隘思想，站在改善人类社会生存环境的高度，在更宽的领域取得了全新的进展。

五、强调人性化设计

人性化设计是人类在改造世界过程中一直追求的目标，是设计发展的更高阶段，也是对设计师提出的更高要求。景观设计的人性化主要体现在生理和心理两个层面。在生理上，要最大限度地迁就人的行为方式，在设计细节、尺度、材质等的选择上要达到无障碍设计。在心理上，景观氛围要体贴人的感情，在设计时要充分考虑不同文化层次和不同年龄人群活动的特点，要求有明确的功能分区，形成动静有序、开敞和封闭相结合的空间结构，以满足不同人群的需要。还要利用植物色彩变化、形式搭配，结合夕阳、清泉、急雨、蝉鸣、竹影、花香等环境因子，使"情"升为"意"，"景"升为"境"，即"境界"，达到感情上的升华，以满足人们高层次的文化精神享受的需要。

参与性增加，是景观设计人性化体现的另一方面。当代景观设计强调，要创造一种空间环境感受，而非静态的画面，它暗示人是环境构成的一分子，环境和人密切相关并为人服务的关系。例如，植物设计要创造机会，使人能自主参与耕作，体验植物的繁殖技术、播种、扦插、嫁接、整枝修剪等实践，从而获得愉快感。从追求画面走向追求体验，是设计观念的一个巨大变革，也是人们游乐方式多元化发展的必然趋势。

总之，植物是景观的生命，植物设计是景观设计的核心。现代城市的植物景观设计正逐渐转变为以生态学原理为基础，以挖掘传统手法、发扬地域文化为手段，创造符合时代要求又具有民族特色的景观模式。

第三章 园林植物造景艺术与设计原理

第一节 风景园林植物配置的艺术准则

一、科学性原则

（一）因地制宜，适地适树

为创造良好的园林植物景观，必须使园林植物正常生长，如果植物生长不良，就不能充分发挥植物应有的景观功能和生态功能。因此，要因地制宜，适地适树，使植物本身的生态习性与栽植地点的生态条件统一。因此，在进行种植设计时，对所种植的植物的生态习性以及栽种地的生态环境都要全面了解，了解土壤、气候以及植物的生态习性，这样才能做出合理的种植设计，如盐碱地就要种植耐盐碱的植物，而北方地区的耐盐碱树种主要有杜梨、沙枣、火炬树等。

在进行园林植物的种植设计时，要尽量选用乡土树种，适当选用已经引种驯化成功的外来树种，忌不合时宜地选用不适合本地区的外来树种，特别是不同海拔和不同温度带的植物滥用，使植物生长不良或者死亡，不但形成不了预期的理想景观，还会造成经济上的浪费。

（二）合理设置种植密度

树木种植的密度是否合适将直接影响功能的发挥。从长远考虑，应根据成年树木的树冠大小来确定种植距离。在进行种植设计时，应选用大苗、壮苗。如选用小苗，先期可进行计划密植，到一定时期后，再进行疏植，以达到合理的植物生长密度。另外，在进行植物搭配和确定密度时，要兼顾速生树与慢生树、常绿树与落叶树之间的比例，以保证在一定的时间植物群落之间的稳定性。

（三）丰富生物多样性，创造稳定的植物群落

根据生态学上"种类多样导致群落稳定性"原理，要使生态园林稳定、协调发展，维持城市的生态平衡，就必须充实生物的多样性。城市绿化中可选择优良乡土树种为骨干树种，积极引入易于栽培的新品种，驯化观赏价值较高的野生物种，丰富园林植物品种，形成色彩丰富、多种多样的景观。

二、艺术性原则

园林植物种植设计时要遵循形式美法则，创造和谐的艺术景观。在植物造景上要满足以下几方面要求。

（一）园林植物配置要符合园林布局形式的要求

植物的种植风格与方式要与园林绿地的总体布局形式相一致，比如如果总体规划形式是规则式，植物配置就要采用规则式布局手法；相反，如果园林布局是自然式，植物配置也要采用与之相协调的自然式配置手法。

（二）合理设计园林植物的季相景观

园林植物季相景观的变化，能给游人以明显的气候变化感受，体现园林的时令变化，表现出园林植物特有的艺术效果。例如，春季山花烂漫；夏季荷花映日、石榴花开；秋季硕果满园，层林尽染；冬季梅花傲雪等。园林植物的季相景观也需在设计时总体规划，不能出现满园都是一个模式。根据不同的园林景观，呈现不同的景观特色，精心搭配园林植物，合理利用季相景观。因为季相景观毕竟是随季节变化而产生的暂时性景色，具有周期性，并且时间的延续是短暂的、

突发性的，不能只考虑季相中的景色，也要考虑季相后的景色。如樱花开时花色烂漫，但花谢后却很平常，要做好与其他植物的搭配。在园林中可按地段的不同，分段配置，使每个区域或地段都突出一个季节植物景观主题，在统一中求变化。在重点地区，四季游人集中的地方，应四季有景观，做好不同季相的植物之间的搭配。

（三）要充分发挥园林植物的观赏特征

园林植物的观赏特性是多方面的，园林植物个体的形、色、香、姿以及意境等都是丰富多彩的。在园林植物搭配时，要充分发挥园林植物个体的观赏特点，突出其观赏特性，创造富有特色、丰富多彩的园林景观。

（四）注重植物的群体景观设计

园林植物的种植设计不仅仅表现个体植物的观赏特性，还需考虑植物的群体景观。乔、灌、草、花合理搭配，形成多姿多彩、层次丰富的植物景观。如不同树形巧妙配合，形成良好的林冠线和林缘线。

（五）注重与其他园林要素配合

在植物配置时还要考虑植物与其他园林要素的搭配，处理好植物同山、水、建筑、道路等园林要素之间的关系，使之成为一个有机整体。

三、功能性原则

不同的园林绿地具有不同的性能和功能，园林植物必须满足绿地的性质和功能的要求，完成统一的园林景观。比如，街道绿化主要解决街道的遮阴和组织交通问题，同时美化市容，因此，在植物造景时要满足这一功能要求；综合性公园具有多种功能，为给游人提供各种不同的游憩活动空间，需要设置一定的大草坪等开阔空间，还要有遮阴的乔木，有艳丽的花朵，成片的灌木和密林、疏林，满足安静休息的需要等；在校园的绿化设计中，除考虑生态、观赏效果外，还要创造一定的校园氛围；而纪念性园林则应注意纪念意境的创造；医院、疗养院要为病人提供安静修养的环境，注意卫生防护和噪声隔离。因此，园林植物的种植设计要针对不同类型的绿地选择好植物种类以及合适的植物造景方式，满足园林绿地性质和功能上的要求。

四、经济性原则

在进行植物配置时，一定要遵循经济性原则。在节约成本、方便管理的基础上，以最少的投入获得最大的生态效益和社会效益，为改善城市环境、提高城市居民生活环境质量服务。例如，可以保留园林绿地原有树种，慎重使用大树造景，合理使用珍贵树种，大量用乡土树种。另外，也要考虑植物栽植后的养护和管理费用。

园林植物的经济价值也十分可观，在节约的同时，可以考虑创造合理直接的经济效益，比如可以结合景观绿地，合理安排苗木生产，杭州花圃就是很好的例子；还可以结合景观绿地实现其他产品生产，比如玫瑰园可以结合生产玫瑰香料，防护林地可以结合完成林木生产，等等。

五、生态性原则

生态问题已经成为当前城市景观规划中的一个焦点问题，生态园林的概念也越来越受到人们的重视。植物景观除了供人们欣赏外，更重要的是创造适合人类生存的生态环境。园林植物造景一定要充分发挥园林植物的生态效益，完成绿地的生态功能要求，在不影响景观功能的同时，要最大限度地实现生态功能。比如，创造多层次绿化、立体绿化、屋顶花园等。

六、文化性原则

植物景观一般都有一定的文化含义，成功的植物景观除了创造一定的生态景观和视觉景观以外，往往赋予其一定的文化内涵。

弘扬园林植物景观的文化，首先，在微观上要做到，在植物选择上不能单纯考虑视觉效果，还需要考虑植物的文化性格，比如松、竹、梅、红豆树、并蒂莲等。了解植物的文化性格，利用植物的文化含义进行造景，能创造韵味深远的园林植物景观。

其次，植物景观是保持和塑造城市风情、文脉和特色的重要方面。一个城市的总体植物景观的塑造要把民俗风情、传统文化、宗教以及历史等融合进去，使植物景观具有明显的地域性和文化性特征，产生可识别性和特色性。如荷兰的郁金香文化、日本的樱花文化、北京的香山红叶，这样的植物景观文化意境成为一个城市乃至一个国家的标志。切忌城市绿化没有文化底蕴、没有特色、没有标志，形成千城一面的形式。

七、形式美法则

（一）多样统一法则

植物配置应用统一多样的法则是统一中求变化、变化中求统一的辩证法则。所谓统一是指植物中的组成部分，即它的形状，姿态、体量、色彩、线条，皱纹、形式，风格等，要求有一定程度的统一性、相似性或一致性，给人以统一的感觉。任何艺术包括植物配置在内的感受，必须具有统一性，这是一条长期为人们所接受的评论原则。假定把各种树木或花卉栽植在已规划成型的园林设计之中，杂乱无章，支离破碎，甚至相互矛盾、冲突，那么，它就只能是一堆垃圾而不是什么配置，更谈不上美感。怎样创造出植物的统一感呢？主要体现在以下几个方面：①形式的统一；②树种的统一；③线条的统一；④局部与整体的统一；⑤意境的统一；⑥设计手法的统一。

如果将重复的方法运用在植物景观方面则能体现统一感。如街道绿化带中的行道树，用的是以等距离配置方式种植的同种、同龄乔木树种，或者选择在乔木层下配置同种、同龄花灌木类植物，这种精确的重复具备统一感，更为一座城市中树种的规划营造出了基调树种、骨干树种和一般树种的分工形式。基调树种种类单一，但种植数量颇大，形成该城市总体基调及地域特色，起到协调统一的作用；一般树种则种类较多，每种少量运用，四季分明、五彩缤纷，起到多样、变化的作用。与统一相对立的是多样，多样是指统一中求变化。在一个整体的基调中，将植物的种类、形式、造型等设计出不同的表现手法，体现出植物在统一中色彩美的多样、形态美的多样、风韵美的多样、季相美的多样。

被子植物门的单子叶植物纲中，竹园的景观设计颇具特色，众多的竹种均具备相似的竹叶及竹竿线条美，但是丛生竹与散生竹分别有聚与散的特征；高大的桂竹、毛竹、钓鱼慈竹、刚竹与低矮的黄槽竹、紫竹等竹配置则呈现出高低错落、层次分明的景观特色；佛肚竹、龟甲竹、方竹的节间形状各异；黄槽竹、粉单竹，黄金间碧玉竹，白杆竹、碧玉间黄金竹、紫竹、金竹等色彩多变。将这些竹种合理搭配，能够创造出一副整体效果整齐均一而细节却颇具动感变化的竹林风光。

裸子植物门中的松科植物能够营造东北地区冬天常绿的景观，松属植物大多以观赏松针、球果为主，有的树干，树枝也有一定的观赏性。红松树皮灰褐色，针叶5针1束，在国产的五针松中针叶质地最为粗硬；黑松针叶质地粗硬、浓绿，而华山松、乔松针叶质地细柔，淡绿；油松，黑松树皮灰黑色，枝条开展，老枝略下垂；华山松幼树树皮灰绿，小枝平滑无毛；白皮松树皮淡灰绿色或粉白色，呈不规则鳞片状剥落，富有变化。柏科树种或具鳞叶，或具刺叶，或具钻叶，但尖峭的台湾桧、塔柏、蜀桧、铅笔柏；圆锥形的花柏，凤尾柏，球形、倒卵形的球桧、千头柏，低矮而匍匐的匍地柏、砂地柏，鹿角桧，都体现出不同植物的姿态，在白雪皑皑的冬天尽情展现东北地区常绿植物的傲然身姿。

统一与多样的关系也体现在园林设计的整体与局部的关系中。整体是由不同的局部组成的，每个组成整体的局部都有自己的个性，表现在功能上和艺术构图上。但它们又要有整体的共性，体现在功能的协调性、艺术的内容与形式的统一性等方面。

（二）均衡与韵律法则

均衡中求动势，动势中求均衡，即所谓"静中有动，动中有静"。在观赏艺术中，均衡是一种存在于观赏客体中的普遍特性。它在植物配置的布局中，通过和谐的配置而达到感觉上的对称、稳定，使观赏者感到舒适、愉快。均衡有两种：对称均衡（静态均衡、绝对均衡）和不对称均衡（动态均衡）。建筑出入口前，与中轴线垂直的两侧等距离、等大小的各种植一株同种乔木的构成形式，是对称均衡；自然式园路两侧空地上分别种植一株乔木与三株小灌木所构成的形式，是不对称均衡。对称均衡显得规则、端庄、严谨，不对称均衡显得自然、活泼。

节奏是指声音或物体等时间或等距离地重复出现，如人的脉搏、呼吸、步伐，相同的行道树等距离地重复栽植形式等，都表现出一种节奏。韵律是节奏的变化形式，是一种不规则但有规律的重复。如一片片跌宕起伏的林冠、一座座透迤连绵的山岭、一条条蜿蜒曲折的小河，无不体现优美的韵律。韵律根据变化规律不同分为交错韵律、渐变韵律、突变韵律，旋转韵律和自由韵律。节奏给人以规律感，韵律给人以和谐感。园林中的植物配置也应注意均衡与节奏、韵律，不论是高大的乔木、浓郁的灌木、艳丽的花卉，还是低矮的地被植物，本身各自组成结构在形态上都具有均衡与韵律美，再利用它们不同的高度和形态，将它们按照一定的规律组合在一起，既具有整体空间的均衡感，又展现单一序列的节奏和韵律美。如一排排整齐对称的行道树体现着对称均衡与节奏，乔木的林冠线、林缘线、天际线显示出自由韵律。正如人们赞颂杭州西湖风景区的九溪十八涧自然景观那样：重重叠叠山，高高下下树，叮叮咚咚泉，弯弯曲曲水，显示着优美的韵律感，给人无尽的享受和回味。局部的节奏和韵律汇总为整体的、多层次的、多方位的节奏与韵律，是园林植物造景的常用手法。

（三）比例与尺度法则

所谓比例是指物体与物体之间或物体各组成部分之间在度量上的相对数比关系。如园林中的乔木，灌木及各种景物在空间上具有适当美好的比例关系。其中既有景物本身各部分之间的长、宽、高的比例关系，又有景物之间、个体与整体之间的比例关系。同一比例可表示数量不同而比值相等。在自身的比例关系上，有些植物几何形体的度量关系是不变的，称作"肯定外形"，如平面的正方形、圆形、正三角、正六边形等。在体形上，正方体、圆球体等也被称作"肯定外形"。而长方形、圆柱形、椭圆形、长方体、圆柱体、椭圆体等则被称作"不肯定外形"。

与比例密切相关的另一个特性是尺度。尺度是物体某些方面的具体度量，如长度、宽度、高度、厚度等，用某一具体数字和单位来表示。如某一圆桌直径1m，高度45cm，那么这个"1m"和"45cm"就分别表示圆桌桌面的尺度和桌体高度的大小尺寸。植物造景是一种表现园林景观正确尺寸或者表现所追求的尺寸效果的一种能力。尺度也是景物如建筑的整体或局部构件与人所习惯的一些特定标准尺寸作为参照来衡量的。在西方人心目中认为尺度是十分微妙而且难以捉摸的原则。其中既有比例关系，还有匀称、协调、平衡的审美要求，最重要的是联系到人的体形标准之间的关系以及人所熟知的大小关系。物体大小所引起的愉悦感，似乎是正常人思想上的一种普遍感受特性，在人类发展的早期，就已经认识到这一点。如人们日常生活中所接触的房屋踏步、窗台，座椅、书桌等尺寸是符合使用功能的，称作不变尺度。用这种不变尺度去衡量高大建筑或建筑模型时，按正常的固定比例，原有的实际尺寸发生了变化，这就是尺度与比例的关系。物体的比例和尺度常常按照人的使用功能来确定，如人体尺寸与活动规律决定房屋长、宽、高的尺寸和比例，各种实用工具如桌椅床、碗筷等。一般说来，尺度可以分为三种类型：自然尺度、夸张尺度（超人尺度）和亲密尺度。自然尺度就是人们习惯上认为的物体最常见、最普遍、最实用的尺度。如成人使用的圆凳的自然尺度为：凳面直径约 30cm，凳身高约 45cm。自然尺度造景给人以真实、亲切感。夸张尺度是指超出正常的自然尺度大小的尺度，它是事物固有的自然尺度同比例的放大。亲密尺度是指小于正常的自然尺度大小的尺度，它是事物固有的自然尺度同比例的缩小。亲密尺度给人以小巧感、空间私密感。如建筑模型、山水盆景、儿童用品等。园林中常在较大的空间中利用亲密尺度造景，将较大的空间分隔成较小的安静休息角。

在园林建设中，因拟给定用地规模、自然条件、功能作用、植物配置及财力投入与主导思想等因素的影响，在比例尺度上的处理也各不相同。例如，西湖和太湖都是以湖山景观为主题观赏的风景区，因自然条件和其他因素，具有不同的比例尺度，形成太湖雄厚壮观、西湖清秀精巧的景观效果。再如，颐和园与苏州的私家园林相比，颐和园山大水阔，景致壮观奢华，植物多数以大型乔木为主要配置基调，建筑群高大雄伟、金碧辉煌，大园中又设置小尺度的谐趣园，小中见大，大中有小，尽现皇家园林的奢华、高贵、尊崇气势。而苏州的网师园山小、水小、亭榭小，植物配置以小型乔木配以小型灌木为主要基调，虽然总面积仅 $0.6hm^2$，却比例尺度适宜、布局紧凑，令人置身其中小中见大，奇趣无穷。

（四）对比与协调法则

对比与协调也是体现变化统一规律的主要手法之一。组成整体的要素之间在同一性质的表现上都有不同程度的比较关系。如体量之间，形状之间、色彩之间、空间的明暗之间等。在同一性质上它们有共性，也有差异性（个性）。当差异性大于共性时，彼此的反差就大，称作对比。可以说，对比的产生是因为相互差异性突出，在整体构图中突出了差异性，便是强调了变化。如果共性占有优势，差异性的成分较少，称作协调。协调是强调统一的手段。

在植物配置与造景中，对比与协调也是常用的法则之一。可以从许多方面形成对比，如聚与散、高与低、大与小、重与轻、主与宾、虚与实、明与暗、疏与密、曲与直、正与斜、藏与露、巧与拙、粗与细、起与伏、动与静、刚与柔、开与合……对比的作用一般是为了突出表现某一景点或景观，使之鲜明，引人注目。对比的造景手法常运用于主景与配景及主景与背景之间，以背景和配景衬托主景。协调造景手法常运用于各种配景之间，各配景之间完全相同是最大限度的协调，显得简洁、大方、壮观，适用于比较大气的场合，但在有些需要轻松活泼的场合未免太单调，所以这些场合各配景之间在统一协调的前提下应有适当的差异，显得热闹、欢快。但对比手法不能多用，用多必乱，分不清主次。园林植物造景既要考虑各植物之间的对比与协调，还要考虑植物与园林的其他构成因素如雕塑、喷泉、花坛等单体的比例与协调，更要考虑局部与整体空间的对比与协调。其对比性质主要有以下几种。

1. 方向的对比

园林中的实体、植物或空间具有线的方向性时，从而产生了线与线、线与面的方向上的对比。如广场中高耸的建筑物与植物地面形成垂直方向与水平方向的对比。

2. 形状的对比

主要表现在园林植物的面、体形状比较。如圆形广场中央设置圆形花坛，四周配置伞形（老年期油松）、广卵形（圆柏，侧柏）、卵圆形（球柏、悬铃木、玉兰）植物，便属于形状的协调统一。如果在方形广场中央设置圆形花坛，四周配置尖塔形（雪松、南洋杉），圆柱形（杜松、钻天杨）、圆锥形（毛白杨、水杉）植物，形状各具个性，变成对比关系，个性得到强调，环境感到活跃。园林中树木的自然线条形状与建筑的几何线条外形相互对比，植物线条的柔美反衬建筑线条的刚硬，在中国传统的园林造园理念中，人们大都不欣赏生硬的直线、直角和尖角（锐角），尤其忌讳尖角，因为它给人以锋利的刀刺感，带有凶杀之气，与人们追求的和谐美极不协调。同时道路和建筑的尖角也不便于使用，所以在建筑物、构筑物、道路的转折处，常将直角、尖角改做成柔和的弧度角，或以植物遮挡生硬的直线、直角和尖角效应。

3. 体量大小、高低、疏密的对比

各种植物在体量上存在很大的差别，不管是不同种类还是相同种类不同生长级别的植物，将植物的实体大小，高低、种植密度进行对比，都能达到相互衬托的作用。人工配置的自然树丛、树群、树林只有在大小、高低、疏密之间产生差异，才显得自然。

4.开合的对比

开合的对比是指开敞空间与闭合空间的过渡缓急程度。空间是由地平面、垂直面以及顶平面单独或共同组合成的实在的或暗示性的范围围合。植物材料可以在地平面上以不同高度和不同种类的地被植物或矮灌木来暗示空间的边界，从而形成实空间或虚空间。借助不同的植物材料，形成限制空间的元素，能够营造出许多种类型的园林空间，给游人以丰富的感知意识。例如，地被植物与草坪之间的交界，本身并没有给视线造成植物实体屏障空间的作用，但却给空间范围起到了暗示作用，而让人觉得边界实际是存在的。乔木和灌木类植物的枝干以暗示的方式形成空间的分隔，空间封闭的严密性随树干的粗细、疏密以及种植形式而不同。种植的树干越多，空间围合感就会越强。例如，风景林、行道树的道路、绿篱墙或林地。另外，植物的叶子也是影响空间围合是否密集的因素之一，因为叶子的疏密程度和分枝的高低影响着空间的闭合感。阔叶类植物和针叶类植物的叶都很浓密、体积也很大，围合的空间感也就越强烈。落叶植物所形成的空间也会随着季节的改变而发生变化。夏季的落叶植物因其浓郁的枝叶而形成了一个闭合的空间，给人在心理上产生了内向的隔离感；到了冬季，同一空间内的植物因其叶的凋落而使得空间比夏季时的更大、更空旷，人们的视线自然也就能够延伸到树丛限制的空间范围以外的地方，给人以开阔的感觉。空间的封闭度随着配置植物自身的高低大小、密度，株距、树冠的形状，以及游人与周围植物的相对位置而变化。在这里介绍几个典型的空间类型作为植物配置的参考。

开敞空间：可以利用一些较为低矮的灌木、花草、绿篱及地被植物形成空间。开敞空间可以给人以四周开敞、外向、伸展、视线开阔、完全沐浴在天空和阳光下的感觉，使人感到心情舒畅、自然。

半开敞空间：模式与开敞空间相似，所营造的氛围是一面或多个面部分受到较高植物的阻挡，形成封闭性，从而限制游人视线的穿透。半开敞空间的特点是开敞程度较小，整体指向在封闭性较差的开敞面，从而形成一个围合空间，增加向心和焦点的作用。这类空间适合在连续景观面中的下一步景观需要遮挡或者只观赏一面或较小面景观时使用；也可在小庭院的环境设计中应用。

封闭空间：空间的四周均被一些中、小型的植物所封闭。可以模仿自然风景的森林中的景观，营造一种光线较暗、无方向性并且具有极强的隐秘性和隔离感的空间。

覆盖空间：利用那些树冠较为浓密的大型乔木构成一个顶面覆盖而四周开敞的空间。这类空间设置在乔木浓郁的树冠和地面之间，特点是活动空间宽阔，为游人提供一个树冠下静空间的活动。由于阳光的光线直射受到树冠枝叶的阻挡，因此，该空间在夏季就较为凉爽；而冬季因落叶而呈现出一个明亮宽敞、视线通透的空间，常用于小型休息广场。

垂直空间：这类空间给人营造出哥特式教堂、令人翘首仰望并将视线导向空中的感觉。用直立感强烈的植物可构成一个方向直立、朝天开敞的室外空间。四周开敞的程度决定了垂直空间的强弱。在植物选择上，尽量选用锥形植物，树冠锥形越长，空间越大，而树冠则越来越小。

通过空间类型了解到，如果把游人置身在一个从开敞空间骤然进入闭合空间的环境中，就会使得视线突然受阻、天地变小而产生压力的感觉。同样，从封闭空间转入开敞空间时又有了豁然开朗、心情豁达的感觉。这就是开合对比的特点所在。这些感觉伴随在游人游览风景的过程中，空间内开合的变化手法，达到了刺激人感官变化的目的，也增加了空间的层次和延长景深的手法。利用空间的收、放、开、合，形成植物景观空间的变化序列，同时又富于植物群落的节奏感。

5. 虚实的对比

在园林的设计中常会运用虚虚实实、真真假假的设计手法制造一些神秘、未知，来增加观赏的悬念。将不同种的植物形式构图，利用虚实的关系对比，可以使视线受阻，并且增强质感和错觉。在建筑造型中，墙体与窗框为实，门与窗的玻璃为虚；水中小岛与植物为实，水面映衬出的景色为虚；山体为实，植物所营造出的弯曲林间小路为虚；实体围墙为实，栏杆、绿篱、花墙的围合为虚。在植物配置过程中，有时要扩大心理上的空间层次感，常常利用大小、高低各不相同的乔灌草，高低错落或时疏时密地配置，形成虚实对比，创造开合空间。

6. 明暗的对比

在植物空间的环境里，明与暗能够给人以不同的心理感受。明亮给人以开朗、豁达、轻快、振奋、充满自信的感觉；灰暗则给人以安静、祥和、朦胧、柔美、自然，并使人视域缩短的感觉。明宜于活动，暗宜于休憩。植物的阴影最能营造出斑驳的落影景象，明暗相通，极富浪漫诗意。利用植物配置出若隐若现的山洞、弯弯曲曲的狭道，幽深的密林，使人产生神秘和安逸之感，配置少量秋色或春色季相为黄色的乔木或灌木，如银杏、黄刺玫、无患子、金丝桃等，将其植于林中空地或林缘，不但使林中明亮的效果更能贴近人的感知意识，而且在拓展空间中能起到小中见大的作用。

7. 色彩的对比

利用植物色彩的色相，明度之间的对比与协调达到变化与统一的目的。色彩构图中红、黄、蓝三原色中任何一原色同其他两原色混合成的间色组成互补色，可以产生一明一暗、一冷一热的对比色。它们并列时相互排斥，对比强烈，呈现跳跃、新鲜的效果，可以突出主题，烘托气氛。

色彩的应用有两种基本方法：直接对比法（由于夸大表现而凸显活泼的景观效果）和相关色调由浓到淡的渐变法。为了取得鲜明的效果，在配置中也可以采用对比的手法。如红色与绿色为互补色，蓝色和橙色为互补色，黄色与紫色为互补色。正如我国造园艺术中常用"万绿丛中一点红"来烘托。所以，最容易掌握的方法就是选择一个主色调，在这个主色调的基础上进行色彩变化，并以中性色调的背景做衬托。

第二节　风景园林植物配置的艺术方式和造景手法

一、风景园林植物配置的艺术方式

（一）园林植物配置的基本方式

1. 自然式配置

自然式是指效仿植物自然群落，构成自然森林、草原、草甸、沼泽及田园风光，结合地形、水体、道路进行的配置方式，没有突出的轴线，没有一定的株行距和固定的排列方式，其特点是自然灵活，参差有致，显示出自然的、随机的、富有山林野趣的美。在布局上讲究步移景异，常运用夹景、框景、对景、借景等手法，形成有效的景观控制。自然式配置的植物材料要避免过于杂乱无章，要有重点、有特色，在统一中求变化，在丰富中求统一。

自然式配置中，树木配置多以孤植、树丛、树群、树林等形式，草本花卉等布置则以花丛、花群、花境为主。

2. 规则式配置

规则式配置是指在配置植物时按几何形式和一定的株行距有规律地栽植，特点是布局整齐端庄、秩序井然、严谨壮观，具有统一、抽象的艺术特点。在规则式配置中，刻意追求对称统一的形体，用错综复杂的图案来渲染、加强设计的规整性，形成空间的整齐、庄严、雄伟、开朗的氛围。在平面布局上，根据其对称与否又分为两种：一种是有明显的轴线，轴线两边严格对称，组成几何图案，称为规则式对称；另一种是有明显的轴线，左右不对称，但布局均衡，称为规则式不对称，这类种植方式在严谨中流露出某些活泼。

在规则式配置中，乔木常以对称式或行列式种植为主，有时还刻意修剪成各种几何形体，甚至动物或人的形象。灌木也常常等距直线种植，或修剪成规则的图案作为大面积的构图，或作为绿篱，具有严谨性和统一性，形成与众不同的视觉效果。另外，绿篱、绿墙、绿门、绿柱等绿色建筑也是规则式配置中常用的方式。

3. 混合式配置

自然式配置和规则式配置并用在同一园林绿地中称为混合式配置，是为了满足造景或立意的需要。如在近建筑处用规则式，远离建筑物处用自然式；在地势平坦处用规则式，在地形复杂处用自然式；在草坪周边用规则式绿篱或树带，在内部用自然式树丛或散点树木等。混合式主要在于开辟宽广的视野，引导视线，增加景深和层次，并能充分表现植物美和地形美。

（二）乔灌木的配置形式

园林绿化，乔木当家。在植物景观设计中，乔木是决定植物景观营造成败的关键。乔木树种的种植类型也反映了一个城市或地区的植物景观的整体形象和风貌。灌木是构成城市园林系统的骨架之一，灌木在城市中广泛用于广场、花坛及公园的坡地、林缘、花境及公路中间的分车道隔离带、居住小区的绿化带、路篱等。一般来说，植物群落是以乔木为主体的乔木—灌木—草本结构。

1. 规则式配置

选择规格基本一致的同种树或多种树木配置成整齐对称的几何图形的配置方式叫规则式配置。所谓规格基本一致是指同种树在高矮、冠幅和姿态上基本相同。规则式配置中的树形还可以人工造成各种各样的几何形体，组合几何形体或鸟兽、器物等形状，还可以运用盆栽树木。规则式配置表现的是严谨规整。

（1）中心植：在园林绿地中心或轴线焦点上单株栽植叫中心植。如在广场中心、花坛中心等地的单株栽植。中心植一般无庇荫要求，只是艺术构图需要做主景用。树种多选择树形整齐、生长缓慢并且四季常青的常绿树，如苏铁、异叶南洋杉、雪松、云杉、桧、海桐、黄杨等，根据广场和花坛的大小决定树木的大小。也可用整形树，整出的形状要同周围景色相协调并基本符合树木生长习惯，如雪松、云杉修整成尖塔形，桧修整成圆柱形，海桐、黄杨修整成球形等。

（2）对植：即用同种两株或同类两丛规格基本一致的乔灌木按中轴线左右对称的方式栽植。对植强调对应的树木在体量、色彩、姿态等方面的一致性，只有这样，才能体现出庄严、肃穆的整齐美。对植可以分为对称对植和拟对称对植。对称对植一般要求栽植同种、同规格、同姿态的乔灌木配置于中轴线两侧，多用于宫殿、寺庙和纪念性建筑前，体现一种肃穆气氛。拟对称对植只是要求体量均衡，并不要求树种、树形完全一致，既给人以严整的感觉，又有活泼的效果，常用于自然式园林入口，桥头，假山登道、园中园入口两侧。

对植树要求形态整齐、美观，多选用常绿树或花木，如苏铁、圆柏、雪松、龙爪槐、荷花玉兰、黄刺玫、棕竹、樱花等。对植树也经常用整形树，除了各种几何形体还可使用形状整齐的树桩，也可根据环境修成鸟兽状，如在动物园入口可修成两个小动物。常用的有罗汉松、水蜡、冬青卫矛、六月雪、黄杨等叶小而耐修剪树种。

（3）行列植：树木呈带状的行列式种植称为行列植，或称列植，即直线配置，横为行，竖为列。其有单列、双列、多列等类型。绿篱、行道树、防护林带、绿廊边缘等地的藤本植物的配置多采用此法。列植主要用于公路、铁路、城市街道、广场、大型建筑周围、防护林带、农田林网、水边种植等。列植树木要保持两侧的对称性，平面上要求株行距相等，立面上树木的冠径、胸径、高矮则要大体一致。当然这种对称并不一定是绝对的对称，如株行距不一定绝对相等，可以有规律地变化。

行列植要注意株行距，株行距离的大小，首先要看林带的种类，然后要根据所选树种的生物学特性，即生长快慢、冠幅大小以及所需要遮阴的郁闭程度而定。行道树列植时如应用速生阔叶树，株距以 6 ~ 8（10）m 为宜，慢生阔叶树及针叶树株距为 4 ~ 6（8）m，中小乔木株距为 3 ~ 5m，大灌木株距为 2 ~ 3m，小灌木株距为 1 ~ 2m。绿篱可单行也可双行种植，一般绿篱的栽植多用 1 ~ 2 年生苗木，单行栽植要密，株距为 20 ~ 40cm，配点为直线配点法。双行栽植株距为 40 ~ 80cm，行距为 40 ~ 80cm，配点可矩形配点或三角形配点。防护林带可密植，株行距为树冠冠幅的 1/2 即可，经过一定时间的生长，可间伐掉 1/2，或让林带郁闭后自疏，按群落规律发展演替。

（4）环状种植：环状种植即围绕某一中心把树木配置成圆形、椭圆形、方形、长方形、五角形及其他多边形等封闭图形，一般把半圆也视作环状种植。环状种植可一环也可多环，多用于围障雕塑、纪念碑、草坪、广场或建筑物等。环状种植多是为了陪衬主景，本身变化要小，色泽也尽量要暗，以免喧宾夺主。常采用生长慢、枝密叶茂的树种。

（5）全面种植：即在一定几何图形的面积上全面栽植上一种或几种树种。多用于专类花园和护坡护岸及其他木本地被植物的栽植。配点法有正方形、长方形及三角形等。

2. 自然式配置

自然式配置表现的是自然植物的高低错落、疏密有间、多样变化。自然式配置用多相平衡法则，如利用体量大小、数量多寡、距离远近等多对矛盾求得平衡。

（1）孤植：即在自然式园林绿地上栽植孤立树。孤植树不同于规则式的中心植，孤植树一定要偏离中线。孤植树一般多用在面积较大的草坪中、山岗上、河边、湖畔、大型建筑物及广场的边缘等地。这些地点的孤植树要求体形大，轮廓丰富，色彩要与天空，水面和草地有对比。在庭院中、假山登道口、悬崖边、道路尽头及小型草地和水滨边也常用孤植树。这些地方，一般要种植小巧玲珑、体型优美或花繁色艳的树种。

孤植树暴露在阳光下，所以喜阴及宜森林环境的树种不宜采用。各地要根据当地情况采用乡土树种及已归化的外来树种。北方地区常用树种有油松、胡桃楸、元宝枫、白桦、垂柳、银杏等。南方可用榕树、黄葛树、桂花、垂柳、银杏、白玉兰等。巨大孤植树下可放天然石块或设石桌、石凳等供游人乘凉和休息。

（2）丛植（树丛）：即 2～10 株同种或异种树木成丛栽植。树丛可配置在大草地上、土丘上、山岗上、路叉处、建筑物边缘、假山石边缘、墙角处、水边或自然式园路两边。树丛基本不郁闭，除了表现群体之美外，还要求有个体美。

庇荫为主的树丛一般由单种乔木组成，树丛可入游，但不能设道路，可设石桌、石凳和天然坐石等。观赏为主的树丛可以乔灌混交，还可以搭配宿根或球根花卉。观赏树丛内树种最多不要超过 4 种，树木种类太多会显得杂乱无章，其中要有一种主调树，其余为配调。观赏树丛还要考虑树丛的季相变化，最好的树丛是四季常绿、三季有花。

（3）群植（树群）：即应用 10～100 株树木配置成小面积的人工群落结构。树群不同于树丛，除了树木数量多外，更重要的是它相对郁闭。它所表现的主要是群体美，不刻意追求个体美。

树群可以由同种树组成，也可以多种树混交。群植是为了模拟自然界中的树群景观，树群外貌要有高低起伏变化，注意林冠线、林缘线的优美及色彩季相效果。树群组合的基本原则为，高度喜光的乔木层应该分布在中央，亚乔木在其四周，大灌木、小灌木在外缘，这样不致相互遮掩。树群内，树木的组合必须很好地结合生态条件，第一层乔木应该是阳性树，第二层亚乔木可以是弱阳性的，种植在乔木庇荫下及北面的灌木应该喜阴或耐阴，喜暖的植物应该配置在树群的南方和东南方。

（4）林植：林植是较大面积、多株树成片林状种植，形成林地和森林景观。林植一般以乔木为主，有林带、密林和疏林等形式，而从植物组成上分，又有纯林和混交林的区别。

（5）散点植：即以单株或单丛在一定面积上进行散布种植。每个点虽如孤植树，但不如孤植树那么强调个体美或庇荫功能，而是着重点与点之间有呼应的动态联系，整体具有韵律与节奏美。

（三）花卉的配置形式

草本花卉是园林绿化的重要植物材料，即所谓"树木增添绿色，花卉扮靓景观"。草本花卉种类繁多，繁殖系数高，花色艳丽丰富，在园林绿化的应用中有很好的观赏价值和装饰作用。它与地被植物结合，不仅能增强地表的覆盖效果，更能形成独特的平面构图。在现实生产中，草本花卉更适宜节日庆典、各种大型活动的气氛营造。

1.花坛

（1）花坛的特点：花坛是指在一定范围的畦地上，按照整形式或半整形式的图案栽植观赏植物以表现花卉群体美的园林景观设施。花坛是一种古老的花卉应用形式，是运用花卉的群体效果来体现图案纹样，可供观赏盛花时的绚丽景观，它以突出鲜艳的色彩或精美华丽的图案来体现其装饰效果。

从景观的角度来看，花坛具有美化环境的作用。设置色彩鲜艳的花坛，可以打破建筑物所造成的沉闷感，带来蓬勃生机。在公园、风景名胜区、游览地布置花坛，不仅美化环境，还可构成景点。花坛设置在建筑墙基、喷泉、水池、雕塑、广告牌等的边缘或四周，可使主体醒目突出、富有生气。在剧院、商场、图书馆、广场等公共场合设置花坛，可以很好地装饰环境。若设计成有主题思想的花坛，还能起到宣传的作用。

从实用的方面来看，花坛则具有组织交通、划分空间的功能。交通环岛、开阔的广场、草坪等处均可设置花坛，用来分隔空间和组织游览路线。

（2）主要花坛的造景设计。①盛花花坛。植物选择：植株低矮，不超过40cm，开花繁茂、花期一致的一、二年生花卉（如三色堇）。色彩处理：花色鲜艳，多用对比色，暖色，配色不宜多，2~3种为宜。图案设计：内部图案宜简洁鲜明，植床轮廓可复杂些。平面观赏为主，植物植床不宜太高，一般小于10cm，周围用缘石围起。花卉须经常更换的花坛，也可以另设计图案，保证花坛的季相交替景观。

②模纹及标题花坛。植物选择：各种五色苋（苋科）、生长缓慢低矮的观叶植物（如白草、红绿草等）、花朵小而密的观花植物（如旱小菊）、常绿小灌木（如雀舌黄杨），控制高度5~10cm。色彩处理：色彩简洁，二种相间，突出纹样。图案设计：内部纹样丰富多样，复杂精细，外部植床轮廓简单。

③装饰小品花坛（立体花坛）。植物选择：以五色苋等观叶植物为主及小菊花等丛小繁茂的观花植物。色彩纹样：主体色彩简洁，以形体造型为主。立面朝向：以东西两向观赏效果为好，因为南向光照过强，北向逆光，纹样暗淡。

④活动花坛：植物选择：可用花卉广泛，植物（一、二年生，宿根，多浆）按应时花卉选择搭配。色彩图案：色彩华丽鲜艳、不宜多，图案简洁明快。栽植养护多在圃地进行，故施工快捷保证质量，并且不妨碍交通、不污染街景。

⑤独立花坛。位置：多做局剖构图中心的主景。位于园门入口、道路交叉口、建筑前广场中心。大小：与广场面积的比为 1/5 ~ 1/3，因场地及花坛性质而定，休息场地比集散场地大些，简洁的花坛比复杂华丽的场地面积要大些。以花坛自身而言，盛花花坛直径及短轴为 15 ~ 20m，模纹花坛为 8 ~ 10m。长短轴之比小于 3：1。平面形式及观赏类型：外形为对称的几何形，单面或多面对称的花式图案。通常选用色彩艳丽、纹样华丽及只有象征意义的盛花花坛、模纹花坛及标题式花坛。

⑥带状花坛。多做园林构图的配景，位于道路中央，两旁或建筑、雕塑、壁画等的基础装饰。在做主景两侧的配景时，应对称分布在轴线两侧，但自身最好不对称，在做主景基座装饰配景时（共同构成主景），色彩、体量要恰如其分。

⑦花坛群、花坛组群。宜布置在大面积的建筑广场、草坪中央、大型公共建筑的前方或是规则式园林的构图中心，形成构图主景。花坛群的构图中心一般为独立花坛、水池、喷泉、雕塑、纪念碑等，其周围为中轴对称或辐射对称的模纹花坛、盛花花坛等配景花坛，共同组景。允许游人进入活动的空间，花坛间有园路或铺装场地及草坪相连。花坛群内部还可以设置座椅、花架以供游人休息。

⑧连续花坛群。多做配景安排，位于道路、游人林荫路及纵长广场的长轴线与坡道上。经常用 2 种或 3 种不同形式的花坛来交替演进。结合水池、喷泉、雕塑、建筑等来强调其连续景观的起点、高潮和结尾。

2. 花境

（1）花境的特点。花境是模拟自然界中林池边缘地带多种野生花卉交错生长的状态，运用艺术手法提炼，设计成的一种花卉应用形式。它在设计形式上是沿着长轴方向演进的带状连续构图，是竖向和水平的综合景观。平面上看是各种花卉的块状混植，立面上看高低错落。每组花丛通常由 5 ~ 10 种花卉组成，一般同种花卉要集中栽植。花丛内应由主花材形成基调，次花材作为补充，由各种花卉共同形成季相景观。花境表现的主题是植物本身所特有的自然美，以及植物自然景观，还有分隔空间和组织游览路线的作用。

花境是以多年生花卉为主组成的带状地段，花境中各种花卉配置不要求花期一致，但要考虑到同一季节中各种花卉的色彩、姿态、体型及数量的协调和对比，整体构图必须严整。因此，花卉应以选用花期长、色彩鲜艳、栽培管理粗放的草本花卉为主，常用的有美人蕉、蜀葵、金鱼草、美女樱、月季、杜鹃等。

（2）花境的设置。园林中常见的花境布置位置及背景如下：①建筑物墙基前。楼房、围墙、挡土墙、游廊、花架、栅栏、篱笆等构筑物的基础前都是设置花境的良好位置，可软化建筑物的硬线条，将它们和周围的自然景色融为一体，起到巧妙的连接作用。植物材料在株高、株形、叶形、花形、花色上应有区别，产生五彩斑斓的群体景观效果。②道路的两侧。在道路用地上布置花境有两种形式，一是在道路中央布置两面观赏的花境；二是在道路两侧分别布置一排单面观赏的花境，它们必须是对应演进的，以便成为一个统一的构图。道路的旁边设置大型的混合花境，不仅丰富了景观，而且可使各种各样的植物成为人们瞩目的对象。当园路的尽头有喷泉、雕塑等园林小品时，可在园路的两侧设置对应花境，烘托主题。③绿地中较长的绿篱、树墙前。以绿篱、树墙为背景来设置花境，不仅能够打破这种沉闷的格局，绿色的背景还能使花境的色彩充分显现出来，花境自然的形体柔化了绿墙的直线条，将道路（草坪）和绿墙很流畅地衔接起来。由不同植物形成的花境，其风格也是不同的，如欧洲荚蒾、八仙花等，形成充满野趣的花境。但在追求庄严肃穆意境的绿篱、树墙前，如纪念堂、墓地陵园等场合，不宜设置艳丽的花境。④宽阔的草坪上及树丛间。这类地方最宜设置双面观赏的花境，在花境周围辟出游步道，既便于游人近距离地观赏，又可增加层次、开创空间、组织游览路线。⑤居住小区、别墅区。沿建筑物的周边和道路布置花境，能使园内充满大自然的气息。在小的花园里，花境可布置在周边，依具体环境设计成单面观赏、双面观赏或对应式花境。在空间比较开阔的私家园林的草坪上布置混合式的花境，如可在建筑物旁边，设计色块团状分布的花境，使用黄色的矮生黑心菊、白色的小白菊、紫色的薰衣草，以体现花境的群体之美。⑥与花架、游廊配合。花架、游廊等建筑物的台基，一般均高出地面，台基的正立面可以布置花境，花境外再布置园路。花境装饰了台基，游人可在台基上闲庭信步，甚至流连忘返。

（3）花境的造景要求。花境是园林中由规则式向自然式过渡的一种种植形式，既要表现植物的个体美又要展现植物自然组合的群体美，并要求一次种植后能多年使用，而且四季有景。

①植床设计。花境的种植床是带状的。单面观赏花境的后边缘线多采用直线，前边缘线可为立线或自由曲线。两面观赏花境的边缘线基本平行，可以是直线，也可以是流畅的自由曲线。

种植床依环境土壤条件及装饰要求可设调成平床或高床，高床以缘石围合，缘石高出地面 30 ~ 40cm。平床可设缘石（高出地面 7 ~ 10cm）或植床与外缘草地或路面相平。植床外缘为直线或与内缘线大致平行，并且应有 2% ~ 4% 的排水坡度，利于观赏、排水。

②朝向要求。对应式花境要求长轴沿南北方向展开，以使左右两个花境光照均匀。其他花境可自由选择方向，但要注意选择植物要根据花境的具体位置而定。

③花境大小。因环境空间的大小不同，通常花境的长轴长度不限，但为管理方便及体现植物布置的节奏、韵律感，过长的植床可分为几段，每段长度不超过 20m 为宜。段与段之间可留 2 ~ 3m 的间歇地段，设置座椅或其他园林小品。

花境的短轴（宽度）视组景需要及方便管理而设置，过窄不易体现群落的景观，过宽超过视觉鉴赏范围，也会给管理造成困难。

通常，混合花境较宿根花境宽阔，双面观花境较单面观赏花境宽阔。单向观赏混合花境为 4 ~ 5m；单面观花宿根花境为 2 ~ 3m；双面观花境为 4 ~ 6m。在家庭小花园中花境可设置 1 ~ 1.5m，一般不超过院宽的 1/4。

④背景设计。单面观赏花境需要背景，花境的背景依设置场所不同而异。绿色的树墙或高篱是较理想的背景，易于表现花卉的色彩美感。建筑物的墙基及各种栅栏可做背景，以绿色或白色为宜。如果背景的颜色和质地不理想，可在背景前选种高大的绿色观叶植物或攀缘植物，形成绿色屏障。

背景树是花境的组成部分之一，较宽的花境与背景树之间要留有距离。例如，留出 70 ~ 80cm 的小路，以便于管理，且有通风作用，并能防止背景树的根系侵扰花卉。

⑤边缘设计。高床边缘可用自然的石块、砖头、碎瓦、木条垒砌而成。

平床边缘多用低矮植物镶边，以 15 ~ 20cm 高为宜。可用同种植物，也可用不同植物，后者更贴近自然。若花境前面为园路，边缘用草坪带镶边，宽度至少 30cm。

若要求花境边缘分明、整齐，还可以在花境边缘与环境分界处以金属或塑料条板划分。防止边缘植物侵入路面或草坪。

3.花卉的其他配置形式

（1）花台与花池。凡种植花卉的种植槽，高者即为台，低者则称为池。花台是将花卉栽植于高出地面的台座上，花池则一般平于地面或稍稍高出地面。

花台多从地面抬高40～100cm形成空心台座，以砖、混凝土或自然山石砌边框，中间填土种植观赏植物。花台的形状是多种多样的，有单个的，也有组合型的；有几何形体，也有自然形体。一般在上面种植小巧玲珑、造型别致的松、竹、梅、丁香、南天竺、铺地柏、芍药、牡丹、月季等。中国古典园林中常采用此种形式，现代公园、花园、工厂、机关、学校、医院、商场等庭院中也较常见。花台还可与假山、座凳、墙基相结合作为大门旁、窗前、墙基、角隅的装饰。

花池与花台相比其种植床和地面高程相差不多。它的边缘也用砖石维护，池中经常灵活地种以花木或配置山石。种植要求与花台类似，面积可大些。花池常由草皮、花卉等组成一定的图案画面，依内部组成不同又可分为草坪花池、花卉花池、综合花池等。花池常与栏杆、踏步等结合在一起，也有用假山石围合起来的，池中可利用草本花卉的品种多样性组成各种花纹。花池也适合布置在街心花园、小游园和道路两侧。

（2）花丛。花丛是指根据花卉植株高矮及冠幅大小之不同，将数目不等的植株组合成丛，配置于阶旁、墙下、路旁、林下、草地、岩隙、水畔等处的自然式花卉种植形式，其重在表现植物开花时华丽的色彩或彩叶植物美丽的叶色。

花丛是花卉自然式配置的最基本单位，也是花卉应用得最广泛的形式。花丛可大可小，小者为丛，集丛为群，大小组合，聚散相宜，位置灵活，极富自然之趣。用作花丛的植物材料应以适应性强，栽培管理简单，且能园地越冬的宿根和球根花卉为主，既可观花，也可观叶或花叶兼备，如芍药、玉簪、萱草，鸢尾、百合、玉带草等，以及一、二年生花卉及野生花卉。

花丛的设计，要求平面轮廓和立面轮廓都应是自然式的，边缘不用镶边植物，与周围草地、树木没有明显的界线，常呈现一种错综自然的状态。

（3）花缘及花带。花缘是指宽度小于1m的带状规则式花卉布置；花带是指花卉成自然式带状布局的形式，长宽比大于4∶1，其多布置于自然道路两旁、树林边缘，河边、园墙下，山脚等处。

（4）花群及花地。花群是指几十株或几百株花卉自然成群种植在一起的花卉景观；花地是指花卉大面积成片紧密栽植，形成景色壮观的布局形式。

（5）花箱与花钵。用木、竹、瓷、塑料制造的，专供花灌木或草本花卉栽植使用的箱称为花箱。花箱可以制成各种形状，摆成各种造型的花坛、花台外形，机动灵活地布置在室内、窗前、阳台、屋顶、大门口及道旁、广场中央等处。花箱的样式多种多样，平面可以是圆形、半圆形、方形、多边形等，立面可以分单层、多层等。

为了美化环境，近年来出现许多特制的花钵来代替传统花坛。由于其装饰美化简便，被称作"可移动的花园"。这些花钵灵活多样，随处可用，如在一些商业街、步行街、景观大道、广场、商场室内或室外等公共活动场所、户外休闲空间等，应用一些碗状、杯状、坛状或其他形状的种植器皿与其内部栽植的植物共同装点环境。

在美化环境时，可根据钵和箱样式、大小的不同，进行多种多样的艺术组合。组合的形式可以是几何式、自然式、混合式、集中布置、散置等，具体布局形式要视美化地点的具体情况决定。

（四）草坪与地被的配置形式

草坪与地被植物由于密集覆盖于地表，不仅具有美化环境的作用，而且对环境有着更为重要的生态意义。

1. 草坪植物的组成分类

（1）草坪概念与草坪分类。草坪植物是组成草坪的植物总称，又叫草坪草。草坪草多指一些适应性较强的矮生禾本科及莎草科的多年生草本植物。

（2）草坪的景观特点及应用。草坪是园林景观的重要组成部分，不仅有着自身独特的生态学特点，而且有着独特的景观效果。在园林绿化布局中，草坪不仅可以做主景，而且能与山、石、水面、坡地以及园林建筑、乔木、灌木、花卉、地被植物等密切结合，组成各种不同类型的景观空间，为人们提供游憩活动的良好场地。同时，其绿色的基调还是展示其他园林景观元素的背景。

2. 草坪与地被的配置要求

（1）草地踩踏与人流的问题。在何处布置游憩草坪与人流量的多少有密切关系。适宜的踩踏（3～5次/日）对草种地下茎的发育有促进作用（增加粗度和韧性）。但在单位面积上的游人踩踏次数不能超过 10 次 / 日，否则影响生长。

（2）草坪的坡度设置。①排水的要求：从地面的排水要求来考虑，草坪的最小允许坡度应大于 0.5%。体育场上的草坪，由场中心向四周跑道倾斜的坡度为 1%。网球场草坪，由中央向四周的坡度为 0.2% ~ 0.5%。②水土保持的要求：从水土保持方面考虑，为了避免水土流失，任何类型的草坪，其草地坡度不能超过其"土壤自然安息角"（一般为 30° 左右）。③游园活动的要求：体育活动草坪以平为好，除了排水所必须保有的最低坡度以外，越平越好。一般观赏草坪、林中草坪及护坡岸草坪等，只要在土壤的自然安息角以下和必需的排水坡度以上即可，在活动方面没有别的特殊要求。

关于游憩草坪，除必须保持最小排水坡度以外，坡度最好在 5% ~ 10% 内起伏变化。自然式的游憩草坪，地形坡度不要超过 15%，如果坡度太大，进行游憩活动不安全，同时也不便于割草机进行割草工作。

（3）风景艺术构图要求。从风景艺术构图要求考虑，应使草坪的类型（规则、自然、缀花、空旷）、大小，微地形起伏变化（坡度大小）、立面造型与其周围的景物协调。可以形成单纯壮阔的景色（单纯空旷的大草坪），也可以形成有对比、起伏的景观变化。

在一定的视线范围内，多种植物的形态（包括大小，高低，姿态，色彩等）以及用它们作为草坪时空间的划分、主景的安排、树丛的组合和色彩与季相的变化等，都能直接影响草坪的空间效果，给游人以不同的艺术感受。

（五）藤本植物的配置

在城市绿化中，藤本植物用作垂直绿化材料，具有独特的作用。公共绿地或专用庭院，如果用观花、观果、观叶的藤本植物来装饰花架、花亭、花廊等，既丰富了园景，还可遮阴纳凉。

1. 藤本植物特点

藤本植物是指主茎细长而柔软，不能直立，以多种方式攀附于其他物体向上或匍匐地面生长的藤木及蔓生灌木。据不完全统计，我国可栽培利用的藤本植物约有 1000 种。藤本植物依攀附方式不同可分为缠绕类、钩刺类、吸附类、卷须类、蔓生类、匍匐类和垂吊类等。

在垂直绿化中常用的藤本植物，有的用吸盘或卷须攀缘而上，有的垂挂覆地，用其长长的枝和蔓茎、美丽的枝叶和花朵组成了优美的景观。许多藤本植物除观叶外还可以观花，有的藤本植物还散发芳香，有些藤本植物的根、茎、叶、花、果实等还可以提供药材、香料等。当前城市园林绿化的用地面积越来越少，充分利用藤本植物进行垂直绿化是拓展绿化空间、增加城市绿量、提高整体绿化水平、改善生态环境的重要途径。

2.藤本植物的种植类型

（1）棚架式绿化。附着于棚架进行造景是园林中应用最广泛的藤本植物造景方法，其装饰性和实用性很强，既可作为园林小品独立成景，又具有速荫功能，有时还具有分隔空间的作用。在古典园林中，棚架可以是木架、竹架和绳架，也可以和亭、廊、水榭、园门、园桥相结合，组成外形优美的园林建筑群，甚至可用于屋顶花园。棚架形式不拘，繁简不限，可根据地形、空间和功能而定，但应与周围环境在形体、色彩、风格上相协调。在现代园林中，棚架式绿化多用于庭院、公园、机关、学校、幼儿园、医院等场所，既可观赏，又给人提供了纳凉、休息的理想场所。

棚架式绿化可选用生长旺盛、枝叶茂密、开花观果的藤本植物，如紫藤、木香、藤本月季、十姊妹、油麻藤、炮仗花、金银花、叶子花、葡萄、凌霄、铁线莲、猕猴桃、使君子等。

（2）绿廊式绿化。选用攀缘，匍匐垂吊类，如葡萄、美叶油麻藤、紫藤、金银花、铁线莲、叶子花、炮仗花等，可形成绿廊、果廊、绿帘、花门等装饰景观。也可在廊顶设置种植槽，使枝蔓向下垂挂形成绿帘。绿廊具有观赏和遮阴两种功能，还可在廊内形成私密空间，故应选择生长旺盛、分枝力强、枝叶稠密、遮阴效果好且姿态优美、花色艳丽的植物种类。

（3）篱垣式绿化。篱垣式绿化主要用于篱笆、栏杆、铁丝网、栅栏、矮墙、花格的绿化，形成绿篱、绿栏、绿网、绿墙、花篱等。这类设施在园林中最基本的用途是防护或分隔，也可单独使用构成景观，不仅具有生态效益，显得自然和谐，并且富于生机、色彩丰富。篱垣高度较矮，因此，几乎所有的藤本植物都可使用，但在具体应用时应根据不同的篱垣类型选用不同的材料。如在公园中，可利用富有自然风味的竹竿等材料，编制各式篱架或围栏，配以茑萝、牵牛、金银花、蔷薇、云实等，结合古朴的茅亭，别具一番情趣。

（4）墙面绿化。藤本植物绿化旧墙面，可以遮陋透新，与周围环境形成和谐统一的景观，提高城市的绿化覆盖率，美化环境。附着于墙体进行造景的手法可用于各种墙面、挡土墙、桥梁、楼房等垂直侧面的绿化。城市中，墙面的面积大、形式多样，可以充分利用藤本植物加以绿化和装饰，以打破墙面呆板的线条，柔化建筑物的外观。

在选择植物时，在较粗糙的表面，可选择枝叶较粗大的吸附种类，如爬山虎、常春藤、薜荔、凌霄、金银花等，以便于攀爬；而对于表面光滑细密的墙面，则宜选用枝叶细小、吸附能力强的种类，如络石等。对于表层结构光滑、材料强度低且抗水性差的石灰粉刷墙面，可用藤本月季、木香、蔓长春花、云南黄素馨等种类。有时为利于藤本植物的攀附，也可在墙面安装条状或网状支架，并辅以人工缚扎和牵引。

（5）柱式绿化。城市立柱形式主要有电线杆、灯柱、廊柱、高架公路立柱、立交桥立柱及一些大树的树干、枯树的树干等，这些立柱可选择地锦、常春藤、三叶木通、南蛇藤、络石、金银花、凌霄、铁线莲、西番莲等观赏价值较高、适应性强、抗污染的藤本植物进行绿化和装饰，可以收到良好的景观效果，生长上要注意控制长势，适时修剪，避免影响供电、通信等设施的功用。

（6）假山、置石、驳岸、坡地及裸露地面绿化。用藤本植物附着于假山、置石等上的造景手法。主要考虑植物与山石纹理、色彩的对比和统一。若主要表现山石的优美，可稀疏点缀茑萝、蔓长春花、小叶扶芳藤等枝叶细小的种类，让山石最优美的部分充分显露出来。如果假山之中设计有水景，在两侧配以常春藤、光叶子花等，则可达到相得益彰的效果。若欲表现假山植被茂盛的状况，则可选择枝叶茂密的种类，如五叶地锦、紫藤、凌霄、扶芳藤等。

利用藤本植物的攀缘、匍匐生长习性，如络石、地锦、常春藤等，可以对陡坡绿化形成绿色坡面，既有观赏价值，又能形成良好的固土护坡作用，防止水土流失。藤本植物也是裸露地面覆盖的好材料，其中不少种类可以用作地被，而且观赏效果更富自然情趣，如地瓜藤、紫藤、常春藤，蔓长春花、红花金银花、金脉金银花、地锦、铁线莲、络石、薜荔、凌霄、小叶扶芳藤等。

（7）门窗、阳台绿化。装饰性要求较高的门窗利用藤本植物绿化后，柔蔓悬垂，绿意浓浓，别具情趣。随着城市住宅迅速增加，充分利用阳台空间进行绿化极为必要，它能降温增湿、净化空气、美化环境、丰富生活，既美化了楼房，又把人与自然有机地结合起来。适用的藤本植物有木香、木通、金银花、金樱子、蔓性蔷薇、地锦、络石、常春藤等。

二、风景园林植物配置的造景手法

（一）利用植物季相变化

植物在一年四季的生长过程中，叶、花、果的形状和色彩随季节而变化。在开花、结果时或叶色转变时具有较高的观赏价值。园林植物造景要充分利用植物季相特色。在植物造景过程中，突出一季景观的同时，兼顾其他三季，如春季山花烂漫、夏季荷花映日、秋季硕果满园、冬季蜡梅飘香等。按季节变化可选择的树种有：早春开花的迎春、京桃、榆叶梅、连翘、丁香等；晚春开花的蔷薇、玫瑰等；初夏开花的木槿、紫薇和各种草花等；秋天观叶的枫香、红枫、五角枫、银杏和观果的海棠、山里红、忍冬等；冬季翠绿的雪松、云杉、桧柏、龙柏等。

（二）师法自然

设计者在进行植物造景时，总要试图找回遗失在现代生活中的外在自然空间，使得自然的自我恢复和可持续发展得到保证。因此，设计师必须"师法自然"，注意从大自然中汲取养分，获得造景灵感，并结合自然，创造出"虽由人作，宛自天开"的艺术境界。

（三）体现地方特色

由于我们所处的城市规模都不一样，经济发展也不平衡，自然条件、自然资源、历史文脉、地域文化差异很大，植物造景应因地制宜，结合当地的自然资源、人文资源，融合地方文化特色。只有把握历史文脉，体现地域文化特色，体现地方风格才能提高园林绿化的品位。城市中空气污染、土壤性能差等因素不利于园林植物的生长，所以在选择植物时应以适应性较强的乡土树种为主，大量的乡土树种不仅能较快地产生生态效益，而且能体现地方特色。

（四）突出主景

观花和观叶植物相结合，观赏花木中有一类叶色漂亮、多变的植物，如叶色紫红的红叶李、红枫、秋季变黄叶的银杏等均有很高的观赏价值，同观花植物搭配组合可延长观赏期，应将这些具有较高观赏价值的植物作为主景放在显要位置。

（五）树木造景

1.孤植

树木的单体栽植称为孤植，作为孤植的树称为孤植树，孤植树一般作为园林绿地的主景树、遮阴树、目标树，体现树的形体美。孤植树有两类，一类是与园林艺术构图相结合的庇荫树，要求树冠大、树叶浓密、寿命长，病虫害少，常见的有樟树、悬铃木、银杏、白皮松、榆树、栎树、广玉兰等；另一类是单纯用作孤植观赏的树木，这类树要求体形端正，或者姿态优美、花繁叶茂、色泽鲜艳，如雪松、桧柏、云杉、鸡爪槭、白桦、木棉、玉兰、海棠、樱花、碧桃等。孤植树周围要有一定空间供枝叶伸展，又要有适宜的视距，才能欣赏到它独特的风姿。孤植树种植位置应适当升高，并与周围景物相配合，形成一个统一的整体。

2.丛植

丛植是由同种或不同种树木组成的群体，最少2株，最多9株，若包括灌木则更多，通常采用2株、3株、5株或5株以上栽植，展现树木群体美，但对个体美要求也很高。丛植树可以是同类树种，也可以是不同类树种。丛植树在体型上要有大小之分，树丛大小差别很大。两株配植在一起，因构图要求不同而异。2株树多用于规则式的对植，自然式多用作相接栽植，一老一少，一倚一直，一仰头一俯首等形态配植在一起，相互呼应。若3株丛植，植株间的距离最好呈不等边三角形的关系，若把3株同种的树木配植在一起作为花坛的中心主题，则这3株树应紧密组合在一起成为一个整体。栽植时选择冠形好的一面向外，若3株配植作为配景处理，首先要确定树丛在地面上的位置，其次确定最高大植株的位置，最小植株应接近最大植株，并在最大株前，中间大小的植株离最大植株稍远，相互依附，相互呼应。5株或5株以上丛植通常采用2株和3株形成一组合，2株与4株一个组合，2株、4株与1株一个组合，或4株和6株一个组合。全局要求达到疏密有度、有主有次、聚散自如。植物配植的原则是：草本花卉配灌木，灌木配乔木，浅色配深色，等等。

丛植在公园、庭院中常作为主景遮辙，也可作为配景供观赏；在游览绿地上布置高大的树丛，使人感到近在眼前，布置矮小树丛，则使人具有深远感；在道路的转弯处、交叉路口或尽头等处布置树丛还具有组织交通的作用；树丛还可与湖石等组合，配置在庭院角落，创造自然小景，使死角变活。

3. 群植

大量乔灌木在较大的地块上生长在一起的配置称为群植。群植树木可用来分隔园林空间，增加层次，达到防护和隔离的作用，也可做背景、障景及夹景等处理。群植树木有单纯和混交两种，前者为同一树种构成，其下通常种植阴性多年生草花作为地被，后者通常由大乔木、亚乔木、大灌木、中小灌木及多年生草本植物构成复合体，选择不同生态类型的树种进行配植才能保持树群整体的稳定性。在配植时要注意群体结构和个体间相互消长的关系，高的宜栽植在中间，矮的宜栽植在外围，常绿乔木栽在开花亚乔木的后面为背景，阳性植物栽在阳面，阴性植物栽在阴面，灌木做护脚，灌木外围还可用草花作为与草地的过渡。在栽植树群时植株间应有疏密度，有近有远。

（六）绿篱造景

1. 应用

绿篱是用乔木和灌木密植而形成的篱垣。在现代园林设计中绿篱应用较为广泛，尤其是常绿针叶树修剪成各种造型，或用常绿针叶树成堆密植，然后修剪成波状、块状形体。绿篱高度一般在 0.2 m 以上、1.6 m 以下，具有以下主要功能：绿篱可代替建筑材料构成篱垣；用绿篱做夹景强调主题，起到屏俗收佳的作用：绿篱可作为花境、雕塑、喷泉及其他园林小品的背景；绿篱可作为园林建筑或构筑物的基础栽植；矮生的紫叶小壁、女贞或小叶黄杨等可做成各种图案和纹样；挡住人们视线形成的绿篱具有雕塑作用。

2. 类型

按植物材料可将绿篱分为落叶绿篱和常绿绿篱；按人工修剪又可分成自然式绿篱和规则式绿篱；按观赏部位可分为花篱和观叶绿篱；按高矮分为高篱、中篱和矮篱等。

3. 材料

作为绿篱的植物要求在密植条件下正常生长，枝叶繁茂，或者有可观赏的花果，叶形小但生长密实，耐修剪，剪后再生力强，容易恢复，但生长不是很旺盛，容易繁殖。目前，应用较多的绿篱材料有女贞属、黄杨属、卫矛属、冬青属、紫衫属、丁香属、忍冬属、侧柏属、桧柏属、荚迷属、小润属、蔷薇属等。

第四章　园林花卉景观基础理论

第一节　花卉景观的概念

一、花卉的狭义概念

狭义上讲，花卉是指具有观赏价值的草本植物。

（一）观赏价值的含义

观赏价值具有两层意思：

（1）具有观赏性。

（2）很多植物还同时具有药用价值、生态价值等，但相对而言，重点是观赏（观看欣赏）价值。

（二）草本植物的含义

（1）通常将草本植物称作"草"，而将木本植物称为"树"，草本植物是相对于木本植物而言的一种称呼。

（2）多数草本植物在生长季节终了时，整体死亡。有些草本植物地上部分每年死去，而地下部分的根、茎能存活多年。

二、花卉的广义概念

广义上讲，花卉是指一切具有观赏价值的植物，包括草本植物和木本植物。目前我们说的花卉一般是指广义花卉。

（一）木本植物的概念

（1）茎有木质层、质地坚硬的植物。

（2）木本植物依形态、高低不同，可以分为乔木、灌木、铺地灌木和藤本类等。

（二）观赏树木的含义

（1）观赏树木泛指一切可供观赏的木本植物。

（2）观赏树木侧重于树形、树冠、树姿、花色的观赏。

（3）果园里的桃树、山林里的野生玉兰树等，不具有观赏价值（或不以观赏为目的），一般称之为果树或树木，所以不属于花卉。

第二节　花卉景观的特性

一、美化效果良好

当前，城市园林景观里能够进行使用的花卉组合涉及的品种是非常多的，并且在颜色覆盖面上也有很多不同的色系组合，因为花卉自身在选型上的差异，使其构成了一种错落有致的层次感，其自身和颜色彼此之间进行的二次组合又使得花卉搭配上更加具备层次性和多样性，这也使得景观区的花卉组合展现出了多种多样的景观效果。而这自然要比单一的绿植与花卉构成产生的效果要好很多，其自身还能够缔造出非常富有色彩冲击力以及造型视觉感的艺术氛围。

二、养护成本低

①花卉组合和以往人们所接触的盆栽花卉是有一定差别的，有的花卉属于多年宿根，因此，传统的室内观赏花卉会展现出非常强大的环境适应性，所以其对土壤、温度以及水分、空气等方面的质量要求都并不高。②从当前景观设置的密度上来讲，景观花卉的播种虽通常在 2 ~ 2.5g/m，并且种子自身的成本价格并不高，综合性价比要比其他类型的植物高很多。③花卉一旦进入了生长期之后，对其便不需要进行特别的管理，只需要对其自身基本的水分给予保证就可以了，这种方式不但节约了养护时间，还节约了养护成本。

三、花期长

景观花卉组合都是一年中生长最快的草本类的花卉，这类花卉开花非常快，并且能够很快地将整个地面覆盖。再就是它自身有着非常强的自播以及繁衍的能力，即使只有一年的生长期，但是可以维持多年开花，一经播种就能够连续生长以及开花。比如，在华东地区多年生花卉一般适合秋天播种，但当时施工时为 6 月而应用了野花组合的近万平方米的面积，约 7 月下旬就形成了鲜花遍地的景观效果。

第三节　花卉景观设计原则

一、概述

园林花卉的景观设计要想比较完美地呈现在人们面前，就需要遵循一定的原则。首先，要充分了解花卉的花期，包括开花的季节及花期的长短。从摆放到盛开，要保证能把花卉最美的一面展示出来，否则就会使景观设计最终呈现的效果大打折扣。其次，要考虑到花卉的色彩与质地。色彩与质地的不同直接导致其不同的应用方向，花朵或艳丽或素雅或端庄或明快，在景观设计中，不仅要选择合适的花卉，也要重视如何能将花卉之美淋漓尽致地表现出来。最后，要考虑花卉的形态与其所呈现出来的空间效果。园林花卉其实并不单指观花一种，也有观茎的，如紫竹、红瑞木等；观根的，如木棉的板根。盆栽的花卉有摆放于地上的，有吊起于空中的，有单株栽培，有成片培植；种植的花卉有攀缘于墙壁的，也有种植于土地成株成树的，各不相同，所以其表现出的空间效果也是有疏有密，大相径庭。

二、科学性

在进行景观设计的时候，必须对花卉的寿命长短和时间周期有充分的了解。因为花卉有其黄金的生长发育期，只有在此期间花卉才能在景观设计中起到最佳的效果，以达到最佳的观赏性。不能盲目地对花卉进行设计而忽视花卉的正常生长周期，使人们没办法看到花卉最美的时期，这样会使得景观设计的效果不尽如人意，也使美感受到影响。

三、具体性

因为花卉的种类繁多，所以在景观设计中运用园林花卉的时候，对于花的特性要有所了解。花卉本身的外在特征有花瓣大小、根茎长度以及色彩等。不同的外在特征会有不一样的展示效果。除了外在特征，花卉的开放季节也很重要，比如每一种花卉的生长发育周期与生命周期都不尽相同，因此一年四季中花卉也会呈现出不同的形态之美，从而塑造出各种优美的、不同的景观，因此在园林设计中一定要掌握花卉的季节特征，以营造出一种自然景观之美，这样设计效果也会更好。

四、适用性

花卉的生长地区都不一样，每个地方的土壤、水分、气候都有所差异，这导致了花卉的生长规律也有较大的区别。因此，在进行景观设计的时候，不仅要对花卉生长的地形、地貌有所了解，更要根据该地的实际条件来选择与该地相符合的花卉。只有在了解选择的花卉和该地自然条件的前提下，才可以避免花卉的不必要损失，从而让花卉和该地完美融合，达到最佳的效果。

第四节　花卉景观类型

一、按生物学特性分类

生物学特性是指花卉的固有特性。以花卉的生物学特性为分类依据，不受地区和自然环境条件的限制。

（一）草本花卉

1.一年生草花

春季播种，夏、秋开花，入冬枯死的草本花卉。如凤仙花、百日草、千日红、半支莲、雁来红、地肤、芎萝、牵牛等。

2.二年生草花

秋季播种，春夏开花，夏季种子成熟后死亡，在 2 年内完成生活史的草本花卉，如三色堇、金盏菊、金鱼草、虞美人、紫罗兰、高雪轮、福禄考、古代稀、蓝亚麻等。

3.宿根花卉

为多年生花卉，但冬季地上部分枯死，春季萌发，夏、秋开花。如菊花、芍药、聋草、一枝黄花、美薄荷、石碱花、假龙头、钓钟柳、蜀葵、金鸡菊、黑心菊、金光菊、松果菊、菁草等。

4.球根花卉

地下部分发生变态的多年生草本花卉。

（1）根据形态特征分类。①球茎类：地下茎缩短呈球形或扁球形，有顶芽，也有节和节上的侧芽。如唐菖蒲、仙客来、小苍兰等。②鳞茎类：地下茎缩短成扁平的鳞茎盘，肉质肥厚的鳞叶着生于盘上并抱合成球形。如郁金香、水仙、风信子、石蒜、百合等。鳞茎类又分为两种：有皮鳞茎，即鳞茎外层有膜质鳞片包被，如郁金香、水仙等；无皮鳞茎，即鳞茎外层无膜质鳞叶包被，如百合。③块茎类：地下茎呈不规则的块状，顶端有发芽点（几个），如马蹄莲、海芋、白头翁、花叶芋、大岩桐、白笈等。④根茎类：地下茎肥大，变态为根状，在土中横向生长，有明显的节，形成分枝，每个分枝的顶端为生长点，须根自节部簇生，如美人蕉、鸢尾、睡莲、玉簪等。⑤块根类：地下主根膨大为纺锤形块状，新芽着生在根茎部，根系从块根的末端生出，如大丽花、花毛茛等。

（2）根据生物学特性分类。①落叶球根类；②常绿球根类，如仙客来、马蹄莲、海芋。

（3）根据生态习性分类。①春植球根类；②秋植球根类，如郁金香、水仙、风信子、石蒜。

5. 多年生常绿草本花卉

无明显休眠期，地下为须根，如文竹、吊兰、万年青、君子兰。

6. 水生花卉

要求生长在水中或沼泽地上，多数为多年生植物，如荷花、睡莲、凤眼莲、萍蓬草、石菖蒲、王莲等。

7. 蕨类植物

为多年生草本植物，多为常绿，不开花，不结种子，依靠孢子繁殖，主要观叶，如蜈蚣草、铁线蕨等。

8. 仙人掌与多肉植物

这类花卉多原产于热带沙漠地区，茎变为掌状、片状、球状或多棱形柱状，叶则变态为针刺状，茎肉多汁并能贮存大量水分，以适应干旱的环境。分为两类：

（1）仙人掌类：全为仙人掌科。

（2）多肉植物：分属于十几个科，如番杏科、龙舌兰科、凤梨科、景天科、菊科、大戟科、萝藦科。

（二）木本花卉

1. 落叶木本花卉

（1）落叶灌木类，如月季、牡丹、迎春、贴梗海棠、玫瑰。

（2）落叶乔木类，如梅花、碧桃、海棠、樱花、石榴等。

（3）落叶藤本类，如紫藤、凌霄、爬墙虎（地锦）等。

2.常绿木本花卉

（1）常绿灌木，如杜鹃、米兰、含笑、叶子花等。

（2）常绿乔木，如桂花、山茶、广玉兰、橡皮树、棕榈等。

（3）常绿藤本，如常春藤、络石等。

二、其他分类方法

（一）按园林用途分类

1.花坛花卉

主要用于布置花坛，以一、二年生草花为主，如凤仙花、千日红、孔雀草、三色堇、金盏菊。

2.盆栽花卉

主要用于盆栽观赏，如仙客来、瓜叶菊、蒲包花、文竹、德国报春、菊花等。

3.庭院花卉

用于庭院成片栽植观赏，大多为宿根花卉和木本花卉，如芍药、牡丹、萱草、金鸡菊等。

4.切花花卉

主要用于生产鲜切花，如唐菖蒲、香石竹、玫瑰、切花菊、郁金香、扶郎花等。

5.岩（石）生花卉

原产于山野石隙间的花卉，较耐干旱瘠薄，主要用于布置岩石园，如白头翁、石竹、鸢尾等。

（二）按观赏部位分类

1.观花类

如月季、大丽花、牡丹、杜鹃、菊花、扶桑、山茶。

2.观叶类

如苏铁、橡皮树、朱蕉、红背桂、龟背竹、花叶芋、雁来红、春芋、文竹、蕨类植物、巴西木、鹅掌柴。

3. 观果类

如南天竹、冬珊瑚、火棘、观赏椒、金银茄、金橘、石榴。

4. 观茎类

如仙人掌、光棍树、佛肚竹。

5. 芳香类

如米兰、茉莉、桂花、白兰花、含笑、蜡梅。

（三）按栽培方式分类

1. 露地花卉

在某地区的自然气候条件下，全年可以露地栽培。

2. 温室花卉

在某地区，冬季必须在温室中保护栽培，才能安全越冬的花卉。

（1）高温温室花卉：要求夜间温度在 15℃以上，白天在 25～35℃，如热带兰、变叶木、一品红。

（2）中温温室花卉：要求夜间温度在 8～10℃，白天在 15～20℃，如白兰花、龟背竹、大岩桐、倒挂金钟、二色茉莉。

（3）低温温室花卉：要求夜间最低温在 5℃以上，白天在 10～15℃，如瓜叶菊、蒲包花、樱草类。

（4）冷室花卉：要求室内温度保持在 0～5℃，如梅花、碧桃、盆栽蜡梅、盆栽月季等。

3. 室内观叶植物

比较耐阴，适合在室内陈列观赏。如龟背竹、春芋、绿萝、吊兰、文竹、万年青、广东万年青。

（四）按开花季节分类

1. 春花类

如金盏菊、三色堇、牡丹、碧桃、迎春、连翘。

2. 夏花类

如茉莉、栀子、蜀葵、萱草兰、金光菊、金鸡菊、一枝黄花。

3. 秋花类

如菊花、桂花、孔雀草、翠菊、鸡冠花、千日红、百日草。

4. 冬花类

如蜡梅、一品红、水仙等。

（五）按经济用途分类

1. 药用花卉

如芍药、麦冬、菊花、连翘。

2. 食用花卉

如食用菊、金针菜、木槿、百合。

3. 香料花卉

如玫瑰、茉莉、桂花、晚香玉、白兰花。

第五节　花卉景观的意义

一、园林绿化中的意义

花卉往往色彩艳丽、观赏价值极高，是园林绿化、美化、香化的重要材料，在园林绿化中的作用尤为突出，常常用来布置花坛、花境、花台，或者盆栽组合布置、制作园林中的花卉装饰物等。因此，花卉是园林绿化中最为重要的材料。

二、在文化生活方面的意义

（1）花卉除了在园林中应用之外，还可以用来进行厅堂布置、室内装饰，美化生活环境，增加人们的审美情趣，提高人们的文化生活水平。

（2）花卉在外事活动、亲朋交往过程中，具有联络感情、增进友谊、促进科学文化交流的作用。

（3）丰富的花卉种类以及其中存在的科学奥妙，为人们了解自然、增长科学知识、进行教学（品种园）和科学研究提供了条件。

三、在经济生活中的作用

（1）花卉不仅具有美化环境、提高文化生活水平的作用，同时，还具有巨大的经济效益，如盆花生产、鲜切花生产、种子、球根、花苗等的生产，经济效益远远超过一般的农作物、水果、蔬菜，鲜切花一般每公顷产值在 15 万～45 万元以上，春节盆花一般在 45 万～75 万元以上，种苗生产的效益会更高，所以，花卉生产是一项重要的经济来源。

（2）多数花卉具有多种用途。①药用。如鸡冠（花）、桔梗（根）、芍药（根）、牡丹（根）、麦冬（根）、菊花（花）等。②食用。如菊花、金针菜、木槿。③提炼香精油。如玫瑰、月季、晚香玉。④熏茶。如茉莉、米兰、桂花、白兰花、栀子。

第六节　我国花卉景观的发生发展

一、花卉应用

（一）绿地应用（一般指室外应用）

（1）花坛。

（2）花境。

（3）立体景观。

（4）水体绿化。

（5）屋顶绿化。

（6）地被设计。

（二）花卉装饰（包括室内外应用）

（1）鲜切花。

（2）干花（插花、贴花）。

（3）盆花（土培、无土栽培）。

（4）盆景（大盆景、微型盆景）。

二、产业现状

（1）生产面积约占世界总花卉生产面积的 1/3。

（2）花卉消费量持续增加，行业总产值稳步提升。

（3）设施栽培比例越来越高。

（4）花卉生产五大省份：浙江、江苏、河南、山东、四川。

（5）花卉消费五大省份：江苏、浙江、广东、福建、河南。

（6）单位面积产值较低，经济效益不高。

（7）产品质量不高，人才缺乏。

（8）科研滞后，自主知识产权的花卉品种很少，新品种依赖进口。

三、需求现状

（1）盆花供应充足，需求疲软。

（2）鲜切花产销两旺，价格稳中有升。

（3）苗木行情整体形势依然严峻。

（4）产品求新求异，营销模式不断创新：①组合盆栽持续升温，艺术水平不断提高。②体验式营销花店。③"互联网+"花卉配套的包装、物流体系较快发展。

四、花卉发展趋势

（1）花卉产业结构正逐步由集团消费向家庭消费转变。

（2）野生花卉资源的开发利用将进一步扩大。

（3）实现规模化生产，没有规模就没有效益。

（4）打造核心竞争力，发扬工匠精神。

第五章　园林花卉生长发育与环境

第一节　花卉的生长发育

一、花卉的生命周期与生长发育阶段

（一）花卉的生命周期

花卉从播种开始，经生长、发育、开花、结果，至衰老、死亡的全过程，称为生命周期。

（1）大发育周期（观赏树木的生命周期）：是从种子萌发起，经过幼年、青年、成年、老年，多年的生长、开花或结果，直到树体死亡的整个时期。其是观赏树木生命活动的总周期。

（2）年周期：一年中的生长、发育过程，随一年中气候条件的变化而变化，主要有生长期和休眠期两个阶段。

（3）一、二年生草本花卉的生命周期：在 1～2 年内完成发芽、生长、开花、结果、死亡等过程。

（4）多年生草本花卉的生命周期：包括许多个年周期，与观赏树木的生命周期类似。

（二）花卉生长发育阶段

（1）草本花卉的生长发育大致可以分为幼苗期、开花期、结果期、播种期、发芽期5个阶段。

（2）观赏树木的生长发育大致可以分为播种期、发芽期、幼年期、青年期、成年期、老年期和衰老期7个阶段。年生长阶段分为生长阶段和休眠阶段。

二、各生长阶段大致时间界定

（一）播种期

（1）大致时间：从种子播种开始，到种子露白。

（2）阶段任务：促进种子萌动。

（3）种子露白：种子在合适的温度条件下，吸水后膨胀，种子内部酶的活性急剧增强，种子内部养分开始转化，从胚乳或子叶中分解，运输到胚根、胚芽中，胚根伸长，露出白点，叫露白。

（二）发芽期

（1）大致时间：从种子萌动开始，到第1片真叶显露。

（2）阶段任务：根生长，芽发育，培育壮苗。

（三）幼苗期

（1）大致时间：从第1片真叶显露，到花序开始现蕾。

（2）阶段任务：促进根、茎、叶快速生长。

（四）开花期

（1）大致时间：从第1花序现蕾，到坐果。

（2）阶段任务：完成开花、传粉和受精。

（五）结果期

（1）大致时间：从第1花序坐果，到生产结束。

（2）阶段任务：培育高质、高产的果实。

（六）树木幼年期

（1）大致时间：种子萌发，到第1次开花。

（2）阶段任务：营养积累。

（七）树木青年期

（1）大致时间：从第1次开花，到开始大量开花之前。

（2）阶段任务：促进树冠和根系加速生长。

（八）树木成年期

（1）大致时间：开始大量开花结实，到开花结实连续下降的初期。

（2）阶段任务：花芽发育完全，树冠分枝最大化。

（九）树木老年期

（1）大致时间：大量开花结果的状态遭到破坏，到几乎失去观花观果价值。

（2）阶段任务：防衰老，促进树枝更新。

（十）树木衰老期

（1）大致时间：骨干枝、根逐步衰亡，到植株死亡。

（2）阶段任务：延缓树体衰老。

（十一）树木生长期

（1）大致时间：树木正常生长、发育的时期。

（2）阶段任务：积累营养，长高长大，分化成熟。

（十二）树木休眠期

（1）大致时间：植物体或其器官在发育的过程中，生长和代谢出现暂时停顿的时期。不同树木的休眠时间不尽相同，常绿树木一般没有休眠期。

（2）阶段任务：适应不良环境。

第二节 环境因子对花卉生长发育的影响

一、温度对花卉的影响

温度与植物的生长发育关系十分密切。花卉的一切生长发育过程都受到温度的显著影响。因此，地球上不同的温度带（热带、温带、寒带）有不同的植被类型，也分布着不同的花卉。它们的耐寒性和耐热性有明显的差异，温度对花卉自然分布的影响是这些差异形成的主要原因。它们被应用于园林后，表现出对温度的要求不同，也就在一定程度上决定了人们对它们的栽培和应用方式也不同。如果不采用人为保护，就必须依据当地气候环境选择适宜的花卉种类，才能成功栽培。

地球表面的任何一处温度除了与其所在的纬度有关外，还与海拔高度、季节、日照长短、微气候因子（方向、坡度、植被、土壤吸热能力）等有关。在栽培园林花卉时，对这些特点要有充分的认识。

温度包括空气温度、土壤温度和叶表温度。土壤温度和叶表温度与花卉生长、发育关系更为密切。

（一）相关概念

温度是影响花卉生长发育最重要的环境因子之一。由于温度直接影响着细胞酶的活性，所以也就影响着植物体内的一切生理生化变化。

1. 温度三基点

温度三基点是指最低温度、最适温度和最高温度。

植物对温度的反应：冷致死点←最低温度←最适温度→最高温度→热致死点。

（1）最低温度：指花卉开始生长、发育的下限温度，当低于这个温度时，花卉就会停止生长和发育，最终导致死亡。

（2）最适温度：指维持生命最适宜和生长发育最迅速的温度，也就是最适宜生长的温度。需要注意的是，最适温度不是固定不变的，它随影响花卉生长发育的诸环境因子的相互作用而变化，随季节和地区而变化，随多年生花卉的年龄及不同的生长发育阶段而变化。园林花卉生长的最适温度是使花卉健壮生长，有较好的抗性，有利于后期开花，良好的温度与植物生理代谢的温度可能稍有不同。

（3）最高温度：指花卉维持生命所能忍受的上限，高于这个温度界限，就会影响花卉正常的生长发育，最终导致死亡。

2. 气温与地温差

一般花卉生长发育存在最适的气温与地温差异。有少数花卉要求一定的地温，如紫罗兰、金鱼草、金盏菊等一些品种以地温 15℃ 最适宜。一般来说，较高的地温有利于根系生长和发育。大多数园林花卉对气温与地温差异要求没有这么严格，在气温高于地温时即可生长。

3. 昼夜温差

原产于温带的花卉要求最适昼夜温差，而原产于热带的花卉如许多观叶植物则在昼夜温度一致的条件下生长最好。

4. 温度日较差

温度日较差 = 最高温度（14：00—15：00）- 最低温度（日出前）。

5. 温周期

温周期是指温度的年 / 日周期性变化。

6. 有效积温

（1）积温：某一时段内逐日平均气温累计之和。

（2）有效积温：某一时段内有效温度的总和。

（3）有效温度：高于生物学最低温度的日平均温度与生物学最低温度之差。

7. 春化作用

植物必须经历一段时间的持续低温才能由营养生长阶段转入生殖生长阶段的现象，称之为春化作用。例如，来自温带地区的耐寒花卉，需要较长的冬季和适度严寒，才能满足其春化阶段对低温的要求。春化作用在未完全通过前可因高温（25℃ ~ 40℃）处理而解除，称为脱春化。脱春化后的种子还可以再春化。有的植物在春化前进行热处理会降低其随后感受低温的能力，这种作用称为抗春化，或预先脱春化。

需要注意以下两点：

（1）春化作用与打破休眠而进行的低温处理在某些意义上是有差异的，低温打破休眠是启动生长，春化作用是让花卉从营养生长转入生殖生长。

（2）不同花卉完成春化作用所需的低温与时间是不一样的。

（二）依据耐寒性分类

花卉满足生长所能忍耐的最低温和最高温，不同地区的花卉是不同的。依据花卉耐寒力的大小，花卉分为耐寒性花卉、半耐寒性花卉和不耐寒性花卉三类。

1. 耐寒性花卉

耐寒性花卉原产于温带及寒带的二年生花卉及宿根花卉，抗寒力强，一般能耐 0℃以上低温，其中一部分能耐 -5℃，甚至 -10℃以下的低温，比如北京三色堇、金鱼草、蛇目菊，能露地越冬，多数宿根花卉如玉簪、金光菊及一枝黄花等，当冬季严寒时，地上部分枯死，次年春季又萌发新梢而生长开花，这些二年生花卉多不耐高温。一般秋播花卉，春季开花，炎夏到来前完成其结实阶段而死亡。

2. 半耐寒性花卉

半耐寒性花卉原产于温带较暖地区，包括一部分秋播一年生草花、二年生草花、多年生宿根草花、落叶木本和常绿树种，引种栽于我国长江流域能露地安全越冬；在华北、西北和东北，有的需埋土防寒越冬，有的需包草保护越冬，有的则需进入温室或地窖越冬。它们的根系在冻土中大多不会受冻，只是宿根草花的地上部分枯萎；木本花卉的地上部分也不能忍耐北方冬季的严寒或者惧怕北方的寒风侵袭，需设立风障加以保护；秋播一年生草花及二年生草花具有一定的耐寒力，但因其冬季多不落叶，需进入冷床或低温温室。这一类花卉有芍药、梅花、石榴、夹竹桃、大叶黄杨、玉兰、五针松、三色堇、金鱼草、石竹、翠菊、郁金香、部分观赏竹等。

3. 不耐寒性花卉

不耐寒性花卉是指产于热带及亚热带的一年生花卉及不耐寒的多年生花卉，生长期间要求高温，不能忍受 0℃以下低温，有些甚至不能忍受 5℃左右的低温。因此，这类花卉能在一年无霜期中生长发育，一般多为春播花卉，春季晚霜过后开始生长发育，秋季早霜到来前完成开花结实，然后死亡，如报春花类、小苍兰类、瓜叶菊等。

在北方，这些原产热带、亚热带的不耐寒性花卉不能露地越冬，只能在温室里栽培。不耐寒植物依据原产地的不同，又可分为以下几种：

（1）低温温室花卉：大部分原产温带南部，如中国中部、日本、地中海、大洋洲等，生长期要求温度为 5 ~ 8℃，如报春类、小苍兰类、紫罗兰、瓜叶菊、茶花等。在我国长江以南地区，这些花卉完全可以露地越冬；相反，若冬季温度过高，这类花卉则会生长不良。

（2）中温温室花卉：大部分原产亚热带，生长期要求温度为 8 ~ 15℃，如仙客来、香石竹及天竺葵等，在华南地区可露地越冬。

（3）高温温室花卉：原产热带，生长期要求温度在 15℃以上，也可高达 30℃左右，有些当温度低至 5℃时就会死亡。当温度低于 10℃时，这类花卉则生长不良，如变叶木、万年青、筒凤梨等，在 15℃时生长良好，而玉莲及热带睡莲对温度要求更高。这类花卉在我国广东南部、云南南部、海南岛可露地栽培。

（三）温度对花卉生长、发育的影响

温度不仅影响花卉种类的分布，而且影响各种花卉生长发育的每个进程。

1. 一年生花卉（即春播花卉）

种子萌发可在较高温度下进行，幼苗期要求温度较低，进入开花结实阶段，对温度的要求逐渐升高。

2. 二年生花卉（即秋播花卉）

种子的萌发一般在较低温度下进行，幼苗期所需的温度更低，才能通过春化阶段，而当开花结实时，则要求稍高于营养生长时期的温度。

3. 多年生花卉

多年生花卉常作为一、二年生花卉栽培，可参考一、二年生花卉要求。

4. 木本花卉

木本花卉也是要在一定的温度范围内生长的，过高或过低的温度对它都是有害的。

5. 花卉不同阶段对温度的要求

同一种花卉的不同发育阶段、不同的器官生长对温度的要求也是有差异的，

如郁金香花芽形成的最佳温度为20℃，而茎的伸长最适温度为13℃。

6. 昼夜温差对花卉生长发育的影响

一般来说，为使花卉生长迅速，要有合适的昼夜温差，适度的气温日较差对植物的生长发育是有利的，一般不超过8℃。热带花卉为3～6℃；温带花卉为5～7℃；沙漠花卉为大于10℃，夜晚呼吸作用弱，可积累更多的有机物质。

（四）温度对开花的影响

有些花卉经春化阶段后，必须有适宜的温度，花芽才能正常分化、发育。根据花卉种类不同，花芽分化与发育所需的适温也不同，大体有以下两种情况。

1. 高温下进行花芽分化

这类花卉一般在6～8月，气温达25℃时进行花芽分化，入秋后进入休眠，经过一段时间的低温后，打破休眠而开花，有时可用GA3（赤霉素）处理代替低温来打破休眠。这一类型的花卉有杜鹃、山茶、梅、桃、樱花、紫藤等。

一些春植球根花卉在夏季生长季中进行花芽分化，如唐菖蒲、晚香玉、美人蕉等。一些秋植球根花卉在夏季休眠期中进行花芽分化，如郁金香、风信子等。

2. 低温下进行花芽分化

这类花卉的花芽分化多在20℃以下较凉爽的气温条件下进行，如八仙花等。许多秋播花卉如金盏菊、雏菊也要求在低温下进行花芽分化。

温度不仅对花芽分化有很大影响，而且对分化后的发育也有很大影响。荷兰的一些研究者在温度对几种球根花卉花芽分化与发育影响的研究中发现，花芽分化以低温为最适温度的有郁金香、风信子、水仙。花芽分化后的发育，初期要求低温，以后对温度的要求逐渐升高。这里对低温要求的最适范围因品种不同而异：郁金香为2～9℃，风信子为9～13℃，水仙为5～9℃，必要的低温时期是6～13周。

3. 花卉开花必须达到一定的有效积温

植物不但需要在一定的温度下才能开始生长发育，还需要有一定的温度总量才能完成其生活周期。在某一生长发育时期也是如此。我们把对植物生长发育起有效作用的高出的温度值（以天计则把日平均气温减去生长的最低温度），称为有效温度。植物在某个阶段或整个生命周期内的有效温度总和，称为有效积温。下面以月季"枯红绸"品种为例进行计算，它修剪后其侧芽从开始生长一直到其他花蕾开放这段时间，若日平均气温为 20℃，经历 91 天，其生长低温限为 5℃，那么这个芽从开始生长至开花所需的有效积温 K=（20–5）×91=1365℃。

在观光花卉生产中，主要关注的是花期调节问题。在前面曾提到，通过提高温度可促进开花、降低温度可推迟开花，这也可以用有效积温来解释。比如，月季"枯红绸"品种的芽从开始生长一直到开花的有效积温为 1365℃，如果温度提高，达到这个有效积温所需的天数就少，也就是开花就早，反之则迟。在广州，夏天温度明显比冬天的要高，所以月季的芽从开始生长到开花所需的时间，夏天比冬天减少几十天。

一般情况下，温度高，有利于开花，但温度越高，花卉的花期越短。

（五）温度对花色的影响

花色在低温和高温下是有变化的，不适宜的温度常常使花色不鲜艳，高温使花色浅淡，无光泽。如在矮牵牛蓝和白的复色品种中，在 30～35℃高温下，花瓣完全呈蓝或紫色；而在 15℃时则呈白色；在上述两温度之间，则为蓝和白的复色花。

（六）温度对花卉的伤害

1. 寒害

寒害，又称冷害，是指温度在 0℃以上的低温对喜温暖花卉的伤害。原产热带、亚热带的不耐寒花卉，当温度下降到 0～10℃范围时（因种类等而不同）就会被迫休眠及受害乃至死亡。在珠江三角洲地区的冬季栽培这些花卉容易发生寒害，达到冷死点温度就会死亡。

普遍认为寒害的根本原因是细胞膜系统受损，因而导致代谢混乱，如光合作用下降或停止，气孔导度减小，根系吸水能力下降，叶片物质运输受阻，合成能力下降等。外观上可能出现叶片伤斑，叶色变为深红或暗黄，嫩枝和叶片出现萎蔫、干枯掉落等现象，时间长了或达到生命的冷死点温度就会死亡。

花卉的不耐寒性也有一些特点，小苗比成株更易受害，温度突然大幅下降比较缓慢下降伤害大，低温持续时间长比时间短伤害大。如观叶中的网纹草、喜阴花等，约 8℃的气温就会受到严重伤害。

花卉的耐寒能力虽然是由遗传性决定的，但可通过其他一些途径来提高其适应性和抵抗力，如通过低温驯化、化学物质处理以及采取一些栽培管理措施（如低温来临之前多施些 K 肥、减少浇水）等。

2. 霜害

霜害是指气温或地面温度下降到冰点时空气中过饱和的水蒸气凝结成白色的冰晶，即霜，由于霜的出现而使花卉受害。

3. 冻害

冻害是指 0℃以下的低温对花卉造成的伤害。

冻害的临界温度因花卉种类和低温经历时间长短而异。不同花卉存在明显结构上和适应能力上的差异，所以抗冻能力不同。不耐寒花卉受冻害易死亡。由于温度下降到冰点以下的速度不同，所以有细胞外结冰和细胞内结冰两种不同的结冰方式。

（1）细胞外结冰：当温度逐渐下降到冰点以下，首先在细胞壁附近的细胞间隙结冰，引起细胞间隙水浓度下降，并向水浓度较高的细胞内吸水，使细胞间隙的冰晶不断增大，细胞内水分不断流向外面，最终使原生质发生严重脱水，造成蛋白质变性和原生质不可逆的凝胶化。原生质脱水变性是胞间结冰伤害的根本原因。其次是胞间结冰，增大的冰晶体对细胞的机械压力使细胞变形。最后是当温度骤然回升，冰晶融化时，细胞壁容易吸水恢复原状，但原生质吸水复原较慢，因此，有可能被撕裂损伤。细胞间结冰一般越冬花卉都能忍受，当温度慢慢回升至解冻后仍可照常生长。

（2）细胞内结冰：当温度骤然下降到 0℃以下，或霜冻突然降临，在胞间结冰的同时，细胞的质膜、细胞质、液泡的水分也结成冰，这叫作细胞内结冰。细胞内结冰直接伤害原生质，破坏原生质的精细结构，导致致死性伤害。需要指出的是，超低温液氮保存花卉材料如花粉、茎尖组织的情况与此不同，将这些材料迅速投入液氮（-196℃），组织内水分来不及结冰就被玻璃化，后期将材料从液氮中取出迅速解冻，一样能保持原有的生命力。

（3）霜冻：是一种较为常见的农业气象灾害，是指空气温度突然下降，地表温度骤降到 0℃以下，使农作物受到损害，甚至死亡。秋季出现第一次霜冻称作初（早）霜；次年春季，出现最后一次霜冻称作终（晚）霜。从初霜日起到次年的终霜日止的天数，称作霜期，其余天数则称为无霜期。我国各地无霜期的天数相差很大。春季正值萌芽，秋季往往正值成熟，因此，初、终霜冻对花卉危害最大。珠江三角洲一带一般很少出现霜冻。

4.过高温度对花卉的伤害

当温度超过花卉生长最高温度后，温度继续上升，会引起花卉失水，原生质脱水，蛋白质凝固变性，酶失去活性，使植株死亡。

超过花卉生长的最高温度会对花卉造成伤害。其生理变化主要有：呼吸作用大大增强，使植株出现"饥饿"状态，有机物的合成速率不及消耗速率；高温下蒸腾失水加快，水分平衡被破坏，气孔关闭，光合作用受阻；植株被迫休眠；引起体温上升、蛋白质变性、代谢功能紊乱等。在植株外观上可能出现灼烧状坏死斑点或斑块（灼环）乃至落叶，出现雄性不育现象以及花序、子房、花朵和果实脱落等，时间一长或到达生命的热死点温度，植株就开始死亡。高温使花卉的茎（干）、叶、果等受到伤害，通常称为灼伤，灼伤的伤口又容易遭受到病害的侵袭。

二、光照对花卉的影响

光是绿色植物进行光合作用不可缺少的条件。光照随地理位置、海拔高度、地形、坡向的改变而改变，也随季节和昼夜的不同而变化。此外，空气中水分和尘埃的含量、植物的相互荫庇程度等，也直接影响光照强度和光照性质。而光照强度、光质、光照长度的变化，都会对植物的形态结构、生理生化等产生深刻影响。

（一）光照强度对花卉的影响

1.概念

光照强度是指单位面积上所接受可见光的光通量，简称照度，单位为勒克斯（lx）。其用于指示光照的强弱和物体表面积被照明程度的量。

光照强度常因地理位置、地势高低以及云量、雨量的不同而不同，其随纬度的增加而减弱、随海拔的升高而增强；一年中以夏季光照最强、冬季光照最弱；一天中以中午光照最强、早晚光照最弱。光照强度，不仅直接影响光合作用的强度，而且影响到植物体一系列形态和解剖上的变化，如叶片的大小和厚薄，颜色的深浅，茎的粗细、节间的长短，叶片结构与花色浓淡等。不同的花卉种类对光照强度的反应不同，多数露地草花，在光照充足的条件下，植株生长健壮，着花多而大；而有些花卉，在光照充足的条件下，反而生长不良，需半阴条件才能健康生长，如蕨类植物、竹芋类、苦苣苔科花卉、铃兰等。这些花卉主要来自热带雨林、林下、阴坡。还有一些花卉喜光但耐半阴或微阴，如萱草、楼斗菜、桔梗等。花卉处于不同生长发育阶段，对光的需求量也在变化，具体情况因种质和品种不同而异。

2. 花卉对光照强度的需求

（1）阳性花卉：光照强度为 50000 ~ 80000lx。阳性花卉必须在完全的光照下生长，不能忍受荫庇，否则会生长不良。生长需全日照，多为一、二年生花卉，多年生球，宿根花卉，多浆多肉类花卉，如仙人掌科（仙人掌、柱、球）、景天科、百合科（芦荟）、萝藦科（吊金钱）、龙舌兰属等。

（2）中性花卉：光照强度为 20000 ~ 40000lx。多原产热带、亚热带地区，木本的有杜鹃、山茶、栀子、棕竹、海棠、丁香以及小部分宿根类和球根类。另外，一叶兰、玉簪、万年青都比较耐阴，基本能越冬。

（3）阴性花卉：光照强度为 10000 ~ 20000lx。阴性花卉要求适度庇荫方能生长良好，不能忍受强烈的直射光线，生长期间一般要求 50% ~ 80% 庇荫度的环境条件，在植物自然群落中，常处于中下层，或生长在潮湿背阴处。如兰科植物、蕨类植物以及苦苣苔科、凤梨科、姜科、天南星科、秋海棠科等，都为阴性花卉。许多观叶植物也属此类。

3. 光照强度对花卉生长、发育的影响

（1）对形态结构的影响：强光形成旱生结构。

（2）对生长状况的影响：①光照足：健壮，花多，花大。②光照不足：容易徒长。

（3）对花色的影响：①光照足：鲜艳、香浓。②光照不足：暗淡不香。

紫红色的花是由于花青素的存在而形成的。而花青素必须在强光下才能产生，在弱光下不易产生。如秋季红叶、春季芍药紫红色嫩芽等（还与光的波长和温度有关）。

4. 光照强度对花朵开放时间的影响

光照强弱对花蕾开放的时间也有很大影响。有的花蕾需在强光下开放，如半支莲、酢浆草等；有的需在傍晚开放，如月见草、紫茉莉、晚香玉等；有的需在夜间开放，如昙花；有的需在早晨开放，如牵牛花、亚麻等。

5.光照强度影响部分花卉种子的萌发

在温度、水分、氧气条件适宜的情况下，大多数种子在光下和黑暗中都能萌发，因此，播种后覆土厚度主要由种子粒径决定，起到保温保湿的作用。但有些花卉种子还需要一定的光照刺激才能萌发，称为喜光种子，如毛地黄、报春花、秋海棠、杜鹃等。这类种子埋在土壤里则不能萌发，非洲凤仙等也属于这类种子。有的花卉在光照下萌发受抑制，在黑暗中易萌发，称为嫌光种子，如黑种草、苋菜、菟丝子等。光对种子萌发的影响是通过影响其体内的光敏素实现的。

（二）光照长度对花卉的影响

1.概念

（1）光周期：一天中日照和黑暗时间长短的更替变化。

（2）光周期现象：是指植物对昼夜日照长度交替的反应。日照对植物的发育，尤其是对开花结果具有决定性的影响，也就是说，花卉的生长发育是在一定的光照与黑暗交替的条件下才能进入开花期，这种现象在栽培学上称为光周期现象。

植物在发育上要求不同日照长度的这种特性是与它们原产地日照长度有关的，是植物系统发育过程中对环境的适应。一般说来，长日照植物大多起源于北方高纬度地带，短日照植物大多起源于南方低纬度地带。而日照中性植物，南北各地均有分布。长日照植物与短日照植物的区别，不在于临界日长是否大于或小于12小时，而在于要求日长大于或小于某一临界值。

日照长度对植物营养生长和休眠也有重要作用。一般来说，延长光照时数会促进植物的生长和延长生长期；反之，则会使植物进入休眠或缩短生长期。对从南方引种的植物，为了使其及时准备越冬，可用短日照的办法使其提早休眠，以提高抗逆性。

2.分类

根据花卉对光照时间的要求不同，可分为以下三类：

（1）长日照花卉：需要大于12小时的光照，完成花芽的分化，一般14小时。这类花卉要求较长时间的光照才能成花，在开花前的生长过程中，需保持一段昼长夜短的日照条件，即每天保持12小时以上的长日照条件才有利于形成花蕾及花芽，从而顺利进入开花阶段，若在发育期始终达不到这一条件，则将推迟开花甚至不开花。通常以春末和夏季为自然花期的花卉多为长日照花卉，如唐菖蒲、瓜叶菊、紫罗兰、锥花福禄考、紫苑、凤仙花、鸡冠花、荷包花。如果在发育期始终得不到这一条件，就不会开花。长日照花卉在夏季开花的居多，就其起源来说，一般原产温带。

（2）短日照花卉：需要小于 12 小时的光照，完成花芽的分化，一般 10 小时。这类花卉在每天日照长度小于 14 小时的情况下才能顺利绽蕾开放，否则会抑制生殖生长，推迟现蕾开花，一般秋冬早春开花的花卉多属于短日照花卉。如菊花和一串红就是典型的短日照植物，它们在夏季长日照下只进行营养生长，而不开花，入秋以后，当日照长度减少到 10～11 小时，花芽才开始分化。短日照花卉往往原产热带和亚热带。

（3）中性花卉：不受日照长度影响而开花的植物。

中性花卉对日照长短并不敏感，只要生长正常，就不影响开花，如月季、紫茉莉、石竹、仙客来、天竺葵等。

3. 敏感性

（1）敏感部位：①成熟开展的叶片，嫁接可以传递这种感受。②感受光周期的砧木＋未感受光周期的芽，结果是花芽分化。

（2）敏感时长：花卉按日照时间分类是基于一天 24 小时来定义的，如果不是 24 小时循环，那么主要看夜长时间，因为花芽分化决定于暗期的长短，所以中断黑暗补光可以算是长日照处理。

4. 光长对花卉生长、发育的影响

（1）光照长度可以控制某些植物的花芽分化和发育开放过程。

（2）光照时间还影响植物的其他生长发育现象，如分枝习性、块茎、球茎、块根等地下器官的形成以及其他器官的衰老、脱落和休眠。

（三）光质对花卉的影响

1. 概念

光质即光的组成，是指具有不同波长的太阳光谱成分，太阳光波长范围主要在 150～4000nm，其中可见光波长范围在 380～760nm，占全部太阳光辐射的 52%，不可见光中红外线占 43%，紫外线占 5%。光质对花卉的生长和发育都有一定的作用。一年四季中光的组成有明显的变化，如春季紫外线成分比秋季的少，夏季中午紫外线成分增加。

不同光谱成分对植物生长发育的作用不同。在可见光范围内，大部分光波都能被绿色植物吸收利用，其中红光吸收利用最多，然后是蓝、紫光。大部分绿光被叶子透射或反射，很少被吸收利用。红橙光具有最大的光合活性，有利于碳水化合物的形成；青、蓝、紫光能抑制植物的伸长，使植物形体矮小，并能促进花青素的形成，也是支配细胞分化的最重要的光线；不可见光中的紫外线也能抑制茎的伸长和促进花青素的形成。在自然界中，高山花卉一般都具有茎干短矮、叶面缩小、茎叶富含花青素、花色鲜艳等特征，这除了与海拔高、低温有关外，也与高山上蓝、紫、青等短波光以及紫外线较多密切相关。

2. 光质对花卉生长、发育的影响

（1）光质对光合器官形成的影响：如叶片的形成主要受红、橙光和蓝、紫光的影响。

（2）光质对生理物质合成的影响：①对叶片叶绿素含量有重要影响。②蓝光促进新合成的有机物中蛋白质的积累，红、橙光有利于碳水化合物合成。③蓝、紫光和紫外线能抑制茎的伸长和促进花青素的形成，紫外线还有利于维生素 C 的合成。

（3）光质对植株生长及观赏性的影响：①黄光下，植株最健壮；红光下，花头花青素和叶片脯氨酸含量较高，可以提高一品红等花卉的观赏价值。②红光可促进幼苗的生长。红光处理过的幼苗物质积累多，生长旺盛。③红、橙光加速长日植物发育，延迟短日照植物发育，蓝、紫光加速短日照植物发育，延迟长日照植物的发育。④高山上紫外线多，能促进花青素的合成，故高山花卉的色彩比平地艳丽，热带花卉花色更艳丽。⑤在自然光线中，散射光中 50% ~ 60% 为红光、橙光，紫外线少；直射光中 37% 为红光、橙光，紫外线多。因此，散射光对半耐阴性花卉的效用大于直射光，而直射光对防止徒长、植株矮化、花色艳丽有作用。

（四）光的调节及人工补光

1. 调节光强

园林花卉育苗时，温室内的光照强度调节可以使用遮阴网和人工光源补光。

（1）遮阴网：①黑色遮阴网：吸收太阳光，达到调节光强的目的。②反光遮阴网：通过反射大量的太阳光减少光照、调节光强。

（2）人工光源：在温室生产中普遍应用的人工补光光源根据其使用情况及性能，大致可分为三类：普通光源、新型光源和 LED 光源。

①普通光源：a. 白炽灯。白炽灯的效率是最低的，它所消耗的电能只有 12% ~ 18% 可转化为光能，而其余部分都以热能的形式散失了。红外辐射占据了白炽灯辐射光谱的绝大部分，红外辐射的能量可达总能量的 80% ~ 90%，而对植物生长促进作用明显的红、橙光部分占总辐射的 10% ~ 20%，蓝、紫光部分所占比例很少，几乎不含紫外线。也就是说，白炽灯的生理辐射量很少，能被植物吸收进行光合作用的光能更少，仅占全部辐射光能的 10% 左右。而白炽灯所辐射的大量红外线转化为热能，会使温室内的温度和植物的体温升高。b. 荧光灯。荧光灯的光谱成分中不含红外线，其光谱能量分布为：红、橙光占 44% ~ 45%，绿、黄光占 39%，蓝、紫光占 16%。生理辐射量所占比例较大，能被植物吸收的光能占辐射光能的 75% ~ 80%，是较适于植物补充光照的人工补光光源，也是目前生产实践中使用较为普遍的一种补光光源。

②新型光源：目前用于人工补光的新型光源有钠灯、镝灯、氙灯和氦灯等。其中，高压钠灯和日色镝灯是发光效率和有效光合成效率较高的光源，目前在温室人工补光中应用较多。a. 钠灯。钠灯又分低压钠灯和高压钠灯。低压钠灯的放电辐射集中在 589.0nm 和 589.6nm 的两条双 D 谱线上，它们非常接近人眼视觉曲线的最高值（555nm），故其发光效率极高。高压钠灯是针对低压钠灯单色性太强、显色性很差、放电管过长等缺点而研制的。高压钠灯的光谱能量分布为：红、橙光占 39% ~ 40%，绿、黄光占 51% ~ 52%，蓝、紫光占 9%，因含有较多的红、橙光，故补光效率较高。b. 日色镝灯。日色镝灯又称生物效应灯，是新型的金属卤化物放电灯。它利用充入的碘化镝、碘化亚铊、汞等物质发出其特有的密集型光谱。该光谱十分接近于太阳光谱，从而使灯的发光效率及显色性大为提高。镝灯的发光波长范围为 380 ~ 780nm，为各种波长光组成的密集型光源，主峰波长为 530nm。该光源在蓝、紫光到红、橙光的广阔光谱区域内辐射强度大，红外辐射小，具有光线集中、光利用率高的特点，适用于各种人工气候箱温室、大棚等场合，为人工补光光源。其光谱能量分布为：红、橙光占 22% ~ 23%，绿、黄光占 38% ~ 39%，蓝、紫光占 38% ~ 39%。日色镝灯中虽蓝、紫光比红、橙光强，但光谱能量分布近似日光，具有光效高、显色性好、寿命长等特点，是较理想的人工补光光源。但是在日色镝灯的使用过程中，需要注

意根据规定选用合格的镝灯。应正确使用镝灯，注意保持照射距离，同时加强维护、检修，确保镝灯正常使用。因为镝灯一旦使用不当，其释放的紫外线将会对劳动者的眼睛造成不良的影响。c.LED 光源：是近年来发展起来的新型节能光源。与白炽灯、荧光灯和高压钠灯等人工光源相比，LED 光源具有显著优点，如节能性好、良好的光谱可调性、良好的点光源性、冷光性好以及良好的防潮性等。LED 光源可以对植物近距离照射和对空间的不同位置进行不同波长的逐点照射，进而使用耗能较少的光源达到优于传统灯具及照射方式的补光效果。这样不仅可以实现对密集种植作物的低矮位置和对分层种植作物的按需补光，还可以实现对同一种作物的不同部位的不同种类光的补光。但是，LED 光源的高成本极大限制了它的普及应用，由于此光源一次性投入太大，因此，LED 光源在作物种植方面并没有得到广泛的应用。

2. 调节光长

光照长短的调节可以使用黑布或黑塑料布遮光减少日照时间，用电灯补充照明延长日照时间。

3. 调节光质

光质可以通过选用不同的温室覆盖物来调节，也可以通过人工补光灯来调节。

三、土肥对花卉的影响

"土肥"是"土壤肥料"的简称，通过研究土壤中所含肥料的比例达到合理地补充土地营养与施肥管理的目的。采用按花卉的营养特性、土壤的供肥特点确定花卉所需的肥料及施肥方法对提高花卉种植质量有重要的作用。

（一）土壤对花卉的影响

土壤是指地球表面的一层疏松的物质，由各种颗粒状矿物质、有机物质、水分、空气、微生物等组成，能生长植物。土壤由岩石风化而成的矿物质、动植物，微生物残体腐解产生的有机质、土壤生物以及水分、空气、氧化的腐殖质等组成。

固体物质包括土壤矿物质、有机质和微生物通过光照抑菌灭菌后得到的养料等。液体物质主要指土壤水分。气体是指存在于土壤孔隙中的空气。土壤中这三类物质构成了一个矛盾的统一体。它们互相联系、互相制约，为作物提供必需的生活条件，是土壤肥力的物质基础。

（1）土壤是花卉进行生命活动的场所，花卉从土壤中吸收生长发育所需的营养元素、水分和氧气。土壤的理化性质及肥力状况，对花卉生长发育具有重大影响。

（2）土壤性质决定土壤有机质含量。

（3）土壤物理性质与花卉。土壤物理性质包括土壤结构和孔隙性、土壤水分、土壤空气、土壤热量和土壤耕性等。其中，土壤水分、空气和热量作为土壤肥力的构成要素直接影响着土壤的肥力状况，其余的物理性质则通过影响土壤水分、空气和热量制约着土壤微生物的活动以及矿质养分的转化、存在形态及其供给等，进而对土壤肥力状况产生间接影响。

土壤质地是土壤物理性质之一，是指土壤中不同大小直径的矿物颗粒的组合状况。根据土壤质地不同，土壤可以分为砂质土、黏质土、壤土三类，不同质地的土壤，适合不同的花卉栽培。①砂质土：透气排水好，保水性差，昼夜温差大，有机质少，适用于改良黏土，或者作为扦插，播种基质。砂质土具有含沙量多、颗粒粗糙、渗水速度快、保水性能差、通气性能好等性质。②黏质土：保水保肥能力强，但透气排水性差，适合与其他土壤基质配用。黏质土具有含沙量少、颗粒细腻、渗水速度慢、保水性能好、通气性能差等性质。③壤土：既透气排水，又保水保肥，而且有机质含量多，土温稳定，适用于大多数植物栽植。壤土具有含沙量一般、颗粒一般、渗水速度一般、保水性能一般、通气性能一般等性质。

（4）土壤化学性质与花卉。土壤化学性质包括土壤酸碱度和土壤胶体性质、土壤氧化还原反应、土壤缓冲性。

①土壤酸碱度与花卉。土壤酸碱度亦称"土壤pH"，是土壤酸度和碱度的总称，通常用以衡量土壤酸碱反应的强弱。其主要由氢离子和氢氧根离子在土壤溶液中的浓度决定，用pH表示。pH在 6.5 ~ 7.5 为中性土壤；6.5以下为酸性土壤；7.5以上为碱性土壤。a.酸性土花卉：在土壤pH小于6.5时能生长良好的花卉，如栀子花、山茶、杜鹃、仙客来、朱顶红、柑橘等。这类植物多分布于pH较小的土壤上，其灰分中往往含铁、铝等成分较多，含钙甚少。其中有些种类生态幅度较广，人工栽植在中性及微碱性土壤上，也能正常生长。b.碱性土花卉：

能耐土壤 pH 大于 7.5 的花卉，如石竹、香豌豆、非洲菊、天竺葵等。c. 中性土花卉：在中性土上生长良好的花卉。绝大多数花卉都是中性土花卉。这类花卉适于在中性土壤上生长，有的略能耐酸性或碱性。

②土壤缓冲性。土壤具有一定的抵抗土壤溶液中 H^+ 或 OH^- 浓度改变的能力，称为土壤的缓冲性能。由于土壤具有缓冲性，因而有助于缓和土壤酸碱变化，为植物生长和微生物活动创造比较稳定的生活环境。土壤缓冲作用是因土壤胶体吸收了许多代换性阳离子，如 Ca^{2+}、Mg^{2+}、Na^+ 等可对酸起缓冲作用，H^+、Al^{3+} 可对碱起缓冲作用。土壤缓冲作用的大小与土壤代换量有关，其随代换量的增大而增大，当然对某一具体土壤而言这种缓冲性是有限的。

（二）肥料对花卉的影响

土壤中矿质元素和有机物质的多少直接影响花卉的生长和发育，肥料的种类和使用量可改变土壤中养分的比例关系，为植物生长提供良好的养分环境。

肥料通常分为有机肥和无机肥两大类。目前已确定 16 种元素为植物生长发育所必需的，称为必要元素或必需元素。其中，需求量较大的 9 种元素称为大量元素，即 C、H、O、N、P、K、S、Ca、Mg；剩下的 7 种元素为微量元素，即 Fe、B、Cu、Zn、Mn、Cl、Mo。从中可以看出，必要元素中除 C、H、O、N 外，其余全部为矿质元素，但 N 的施用方式与矿质元素相同，它们主要通过植物根系被植物所吸收。

（三）土壤有机质与花卉

1. 土壤有机质

土壤有机质泛指土壤中来源于生命的物质。土壤中除土壤矿物质以外的物质都可以叫作土壤有机质，动植物、微生物残体和施入的有机肥料是土壤有机质的主要来源。土壤有机质是土壤固相部分的重要组成成分，是植物营养的主要来源之一，能促进植物的生长发育，改善土壤的物理性质，促进微生物和土壤生物的活动，促进土壤中营养元素的分解，提高土壤的保肥性和缓冲性。它与土壤的结构性、通气性、渗透性、吸附性和缓冲性有密切的关系，通常在其他条件相同或相近的情况下，在一定含量范围内，有机质的含量与土壤肥力水平呈正相关。

（1）土壤腐殖质：是土壤有机质的主要部分，是黑色的无定形的有机胶体。

腐殖质是具有酸性、含氮量很高的胶体状的高分子有机化合物。腐殖质在土壤中，在一定条件下缓慢地分解，释放出以氮和硫为主的养分来供给植物吸收，同时放出二氧化碳加强植物的光合作用。

土壤有机质能有效调控土壤养分的数量、提高养分的利用率。土壤有机质的作用主要是通过土壤腐殖质来实现的，土壤腐殖质的蓄水保肥能力是土壤黏粒的十几倍以上。

（2）土壤有机质的作用如下：①花卉养分的主要来源。有机质含有花卉生长发育所需要的各种营养元素，特别是土壤中的氮，有95%以上是以有机状态存在于土壤中的。此外，有机质也是土壤中磷、硫、钙、镁以及微量元素的重要来源。所以，有机质多的土壤，养分含量也就多，可以适当少施化肥。②促进花卉的生长发育。有机质中的胡敏酸，可以增强植物呼吸，提高细胞膜的渗透性，增强对营养物质的吸收，同时有机质中的维生素和一些激素能促进花卉的生长发育。③提高保肥保水能力。有机质含量多的土壤，其土壤肥力水平较高，不仅能为花卉生长提供较丰富的营养，而且保水保肥能力强，能减少养分的流失，节约化肥用量，提高肥料利用率。因此，需要增施有机肥料，提高土壤有机质的含量，从而充分发挥化肥的增产效益。④改善土壤团粒结构。提高土壤有机质含量，可促进土壤微生物和动物的生长繁殖，改善土壤的结构和养分状况，疏松土壤。

（3）常用土壤有机质如下：①厩肥：家畜的粪便，以含氮为主，也有一定的磷和钾。②鸡鸭粪：适合于各类花卉，特别适合观果花卉使用。③草木灰：含钾较多，是钾肥的主要来源，属于碱性肥料。④花生麸或花生饼：含氮较多，也含磷和钾，比动物粪便干净卫生。⑤骨粉：是磷肥的主要来源之一。

2. 土壤矿质元素与花卉

矿质元素是指除碳、氢、氧以外，主要由根系从土壤中吸收的元素。矿质元素是植物生长的必需元素，缺少这类元素植物将不能健康生长，包括大量元素：碳、氢、氧、硫、磷、钾、钙、镁、铁等，微量元素：硼、锰、锌、铜、钼等。

（1）大量元素：植物生长发育所需的各种矿质元素，需要量最大，最主要的是氮、磷、钾。①氮（N）。氮肥也称叶肥。它能使植物生长迅速，枝叶繁茂，叶色浓绿。幼苗期和观叶花卉，应施氮肥为主。植株生长前期，即营养生长期，更不能缺氮。一般多在春季至初夏施用，如在植株生长发育停止时（夏季以后），再继续施用氮肥，会使茎叶徒长，植株最后难以成熟，严重影响开花挂果，且茎叶柔弱，易遭病虫害。所以，在植株进入生殖生长期（花芽分化期）前，应停止施用氮肥。人粪尿、豆饼、硫酸铵、尿素等都是氮肥。②磷（P）。磷肥也称果肥。它能促进花芽分化和孕蕾，使花朵色艳香浓，果大质好，还能促进植株生长健壮。在植株生长发育后期（生殖生长期），施用最为有效。因而开花前，挂住果后，可多施磷肥。植物具有在体内贮藏磷肥的能力，并能根据生长需要而调节使用，因此，可以一次施足在基肥中。植株对磷肥的吸收能力有一定限度，磷酸钙、磷酸二氢钾、磷矿粉等都是磷肥。③钾（K）。钾肥也称根肥。它能使茎干、根系生长茁壮，不易倒伏，增强抗病虫害和耐寒能力，是植株发育前期不可欠缺的。在幼苗期、抽梢期和苗木移栽后可多施钾肥。在植株发育后期，钾肥有助于光合作用的完成，对水化合物的产生具有重要的作用，尤其对可以大量储存碳水化合物的球根花卉，作用更为显著。所以，在植株生长全过程中，钾肥都是不可缺少的。长期放在室内的盆花，由于光照不足，而使光合作用减弱，可大量施用钾肥。钾肥不会因施用过量而产生肥害。草木灰、氯化钾、硫酸钾等都是钾肥。④钙（Ca）。钙肥可促进根的发育，可增加植物的坚韧度，还可以改进土壤的理化性状，黏重土壤施用后可以变得疏松，砂质土壤可以变得紧密；可以降低土壤的酸碱度；但过度施用会诱发缺磷、锌。⑤硫（S）。硫肥能促进根系的生长，与叶绿素的合成有关，可以促进土壤中豆科根瘤菌的增殖，可以增加土壤中氮的含量。

（2）微量元素：①使用。虽然植物对微量元素的需要量很少，但它们对植物的生长发育的作用与大量元素是同等重要的，当某种微量元素缺乏时，植物生长发育会受到明显的影响，产量降低，品质下降。另外，微量元素过多会使作物中毒，轻则影响产量和品质，严重时甚至危及人畜健康。随着作物产量的不断提高和化肥的大量施用，微量元素缺乏的问题越来越严重。在微量元素肥料中，通常以铁、锰、锌、铜的硫酸盐、硼酸、钼酸及其一价盐应用较多。

微量元素施用必须均匀。为了保证均匀，可施用含微量元素的大量元素肥料，如含硼的过磷酸钙、含某种微肥的复合肥等。也可以将微量元素肥料混拌在有机肥料中施用。根外喷施肥的用量，一般只是土壤施肥量的 1/10 ~ 1/5，常用的浓度是 0.01% ~ 0.2%。根外喷肥是既经济又有效的方法。

另外，过多地使用某种营养元素除了会对作物产生毒害外，还会妨碍作物对其他营养元素的吸收，引起缺素症。例如，施氮过量会引起缺钙，硝态氮过多会引起缺钼失绿，钾过多会降低钙、镁、硼的有效性，磷过多会降低钙、锌、硼的有效性。因此，在施肥时必须控制好肥料与水的比例、用量。

②作用。a.铁（Fe）。铁对叶绿素合成有重要作用，缺铁时植物不能合成叶绿素会出现黄化现象。一般在土壤呈碱性时才会缺铁，因为此时铁变成不可吸收态，土壤中虽有铁，植物却吸收不了。b.镁（Mg）。镁对叶绿素合成有重要作用，对磷的可利用性有重要影响。过量使用会影响铁的利用。一般需要不多。c.硼（B）。硼能改善氧的供应；促进根系发育；促进根瘤菌的形成；促进开花结实，与生殖过程有密切关系。d.锰（Mn）。锰对种子萌发和幼苗生长、结实都有良好的作用。

③缺乏症状。a.缺硼：顶端停止生长并逐渐死亡，根系不发达，叶色暗绿，叶片肥厚、皱缩，植株矮化，茎及叶柄易开裂。b.缺锌：叶小簇生、中下部叶片失绿，主脉两侧有不规则的棕色斑点，植株矮化，生长缓慢。c.缺钼：生长不良，植株矮小，叶片凋萎或焦枯，叶缘卷曲，叶色暗淡发灰。豆科根瘤发育不良。d.缺锰：从新叶开始，叶片脉间失绿，叶脉仍为绿色，叶片上出现褐色或灰色斑点，逐渐连成条形，严重时叶色失绿并坏死。e.缺铁：引起失绿病，幼叶叶片失绿，老叶仍保持绿色。f.缺铜：顶端生长停止和顶枯。禾本科表现为叶片尖端失绿、干枯和叶尖卷曲，分蘖多而不抽穗或抽穗很少。

（3）矿质元素的吸收态和在体内的移动性。了解矿质元素的吸收态对花卉施肥有一定的帮助。矿质元素只有以一定的离子状态存在时，才能被植物吸收利用。移动性则表明元素在花卉体内的再利用状况。①氮（N）：铵态氮或硝态氮易移动，缺乏时老叶先显出症状。②磷（P）：易移动，缺乏时老叶先显出症状。③钾（K）：钾离子易移动，缺乏时老叶先显出症状。④硫（S）：硫酸根离子不易移动，缺乏时幼叶先显出症状。⑤镁（Mg）：镁离子易移动，缺乏时老叶先显出症状。⑥钙（Ca）：钙离子不易移动，缺乏时幼叶先显出症状。⑦铁（Fe）：Fe^{2+} 和 Fe^{3+}，生理上有活性的是 Fe^{2+}，花卉吸收的 Fe^{3+}，在体内要还原为 Fe^{2+} 才能起作用。

（4）花卉栽培常用无机肥（化肥）。长期使用化肥会使土壤板结，最好配合有机肥使用，但在与有机肥混用时有禁忌。

（四）肥料的使用方法

施肥分为基肥和追肥两大类。

1. 基肥

基肥是指在种植花苗前施入土壤中的肥料，露地栽种花卉，先在土壤中拌入基肥，然后覆土栽苗；室内盆栽花卉，可在盆土底层放入基肥，如豆饼、鱼骨粉等。

2. 追肥

追肥是指在花苗生长季节追施的肥料。

（1）使用方式：①露地花卉：可在花苗四周施干肥，而后浇水，也可直接水溶液浇灌。②盆栽花卉：可在盆土表面洒干肥末，然后松土、浇水。③根外追肥：指在花苗地上部分（枝叶上）喷洒营养液，浓度为0.1%，可使花苗叶色浓绿且具有光泽，同时还可防止花卉落花、落果。

（2）施用原则：要掌握适时、适量，同时还要掌握季节和时间。一般来说，花卉生长季节施肥，尤其在叶色淡黄、植株细弱时施肥最佳；苗期施全素肥料；花果期以施磷肥为主；处于休眠期的花卉停止施肥。观叶花卉以氮肥为主。

此外，还要掌握"薄肥勤施"的原则，即"少吃多餐"。花苗生长期最好10天左右施用一次稀薄肥水，傍晚施肥效果最佳，中午前后土温高易伤根，忌施肥。

四、水、气对花卉的影响

（一）水对花卉的影响

1. 水的作用

水是植物体的重要组成部分，草本植物体重的70%～90%是水。植物体的一切生命活动都是在水的参与下进行的，如光合作用、呼吸作用、蒸腾作用以及矿质营养的吸收、运转与合成等。水能维持细胞膨压，使枝条挺立、叶片开展、花朵丰满，同时植物还依靠叶面水分蒸腾来调节体温。

（1）水是植物体的重要组成部分，植物体的一切生命活动都是在水的参与下进行的，如光合作用、呼吸作用、蒸腾作用。

（2）水使细胞保持紧张度，使枝条挺立、叶片开展、花朵丰满。

（3）水能调节植物体温度，保护植物免受温度变化的潜在伤害。

（4）水分缺乏，会萎蔫死亡；水分太多，一些花卉会因为缺乏氧气而腐烂。

2. 水对花卉的影响

自然条件下，水分通常以雨、雪、冰雹、雾等不同形式出现，其数量的多少和维持时间长短对植物影响非常显著。

环境中影响花卉生长发育的水分主要是空气湿度和土壤水分。花卉必须有适当的空气湿度和土壤水分才能正常生长和发育。不同种类的花卉需水量差别很大，这种差异与花卉原产地及分布地的降雨量和空气湿度有关。旱生花卉，能在较长时间忍耐干燥的空气或土壤。它们在外部形态和内部构造上都产生许多适应性的变化和特征，如根系发达，茎叶变态肥大，叶上有发达的角质层，植株体上有厚的绒毛，如仙人掌类。湿生花卉，生长期要求充足的土壤水分和空气湿度，体内通气组织较发达，如热带兰、蕨类、凤梨类花卉。中生花卉，对空气湿度和土壤水分的要求介于以上两者之间，大多数花卉均属于此类。

（1）空气湿度对花卉生长发育的影响。花卉可以通过气孔或气生根直接吸收空气中的水分，这对原产于热带和亚热带雨林的花卉，尤其是一些附生花卉极为重要；对于大多数花卉而言，空气中的水分含量主要影响花卉的蒸发，进而影响花卉从土壤中吸收水分，从而影响植株的含水量。

空气中的水分含量用空气湿度表示，日常生活中用空气相对湿度表示。花卉的不同生长发育阶段对空气湿度的要求不同，一般来说，在营养生长阶段对湿度要求大，开花期对湿度要求低，结实和种子发育期要求更低。不同花卉对空气湿度的要求不同。原产干旱、沙漠地的仙人掌类花卉要求空气湿度小，而原产于热带雨林的观叶植物要求空气湿度大。湿生植物、附生植物、一些蕨类和苔藓植物、苦苣苔科花卉、凤梨科花卉、食虫植物及气生兰类，在原生境中附生于树的枝干、生长于岩壁上或石缝中，吸收湿润的云雾中的水分，对空气湿度要求大。这些花卉向温带及山下低海拔处引种时，其成活与否的主导因子就是保持一定的空气湿度，否则极易死亡。一般花卉要求 65% ~ 70% 的空气湿度。空气湿度过大对花卉生长发育有不良影响，往往使枝叶徒长，植株柔弱，降低对病虫害的抵抗力；会造成落花落果；还会妨碍花药开放，影响传粉和结实。空气湿度过小，花易产生红蜘蛛等病虫害；影响花色，使花色变浓。

（2）土壤水分对花卉的影响。用于园林中的园林花卉，主要栽植在土壤中。

土壤水分是大多数花卉所需水分的主要来源，也是花卉根际环境的重要因子，它不仅本身提供植物需要的水分，还影响土壤空气含量和土壤微生物活动，从而影响根系的发育、分布和代谢，如根对水分和养分的吸收，根呼吸等。健康苗壮的根系和正常的根系生理代谢是花卉地上部分生长发育的保证。

①对花卉生长的影响。花卉在整个生长发育过程中都需要一定的土壤水分，只是在不同生长发育阶段对土壤含水量要求不同。一般情况下，种子发芽需要的水分较多，幼苗需水量减少，随着生长，对水分的需求量逐渐减低。因此，花卉育苗多在花圃进行，然后移栽到园林中应用的场所，以给花卉提供良好的生长发育环境。

不同的花卉对水分要求不同，耐旱性也不同。这与花卉的原产地、生态习性及形态有关。一般而言，宿根花卉较一、二年生花卉耐旱，球根花卉次之。球根花卉地下器官膨大，是旱生结构，但这些花卉的原产地有明确的雨、旱季之分，在其旺盛生长的季节，雨水很充沛，因此，大多不耐旱。

②对花卉发育的影响。土壤水分含量影响花芽分化。花卉花芽分化要求一定的水分供给，所以在此前提下，控制水分供给，可以控制一些花卉的营养生长，促进花芽分化，球根花卉尤其明显。一般情况下，球根含水量少，花芽分化较早。因此，同一种球根花卉，生长在沙地上，由于其球根含水量低，花芽分化早，开花就早。采用同样的水分管理，种植采收早而含水量高，开花就早；栽植在较湿润的土壤中或采收晚，则开花较晚。

③影响花卉的花色。花卉的花色主要由花瓣表皮及近表皮细胞中所含有的色素而呈现。已发现的各类色素，除了不溶于水的类胡萝卜素以质体的形式存在于细胞质中，其他色素如类黄酮、花青素、甜菜红系色素都溶解在细胞的细胞液中。因此，花卉的花色与水分关系密切。花卉在适当的细胞水分含量下才能呈现出各品种应有的色彩。一般缺水时花色变浓，而水分充足时花色正常。由于花瓣的构造和生理条件也参与决定花卉的颜色，水分对花色素浓度的直接影响是有限度的，更多情况是间接的综合影响，因此，大多数花卉的花色对土壤中水分的变化并不十分敏感。

3.水的调节

（1）空气湿度的调节。在园林中大面积的人工空气湿度的调节是很难实现的，主要通过合理的配植植物和充分利用小气候来满足花卉的需要。室内和小环境中可以通过换气和喷水来降低或增加空气湿度。有条件的可以设计水面来增加空气温度。

（2）土壤水分的调节。园林中可以依靠降水和各种排灌设施来满足花卉对水分的要求，也可以通过改良土壤质地来调节土壤持水量。

4.依据花卉对水分的要求分类

各种花卉由于原产地不同，长期生活在不同的水条件下，形成了不同的生态习性和适应类型。

根据对土壤水分的要求不同，可以把花卉大体分为以下四种类型：

（1）水生花卉：泛指生长于水或沼泽地中的观赏植物，与其他花卉明显不同的习性是对水分的要求和依赖远远大于其他各类，因此，也构成了其独特的习性。其常见种类有以下四类：①挺水植物：即叶离开水面，根生长在泥里，如荷花、慈姑、千屈菜等。②浮水植物：即叶浮在水面上，根生长在泥里，如睡莲、芡实等。③漂浮植物：即叶浮在水面，根不生在泥土里，可随水漂动，如凤眼莲等。④沉水植物：即平时根系生长在水里，开花时才露出水面，如金色藻等。

（2）湿生花卉：这类花卉原产于热带雨林或阴湿森林中，生长期间要求经常有大量水分存在，如蕨类、热带兰类和天南星科、鸭跖草科、凤梨科等。

（3）中生花卉：大多数花卉都属于这一类，对水分要求介于以上两者之间。有些种类偏于旱生花卉特征，有些则偏重于湿生花卉的特征。

（4）旱生花卉：这类花卉大多原产于炎热干旱的荒漠地带，耐旱性强，能忍受较长时间的空气和土壤干旱。如仙人掌及多浆类植物，为了适应干旱的环境，它们茎肥厚呈柱状或球状，内具发达的贮水组织，叶片变小或退化成刺状，以减少蒸腾。

（二）气体对花卉的影响

对于需氧生物，氧气和二氧化碳是生命中不可缺少的。花卉生长发育过程受气体成分的影响十分明显。在正常环境中，空气成分主要是氧气（占21%）、二氧化碳（占0.03%）、氮气（占78%）和微量的其他气体。在这样的环境中，花卉可以正常生长发育。

花卉和动物一样，在其生命活动过程中需要不断地进行呼吸，昼夜都要吸进氧气、放出二氧化碳。花卉白天除了呼吸作用外，还要进行光合作用，合成所需要的有机物质来供给自己。而大气的组成十分复杂，有益、有害气体共存。

1.有益气体

花卉需要不断地与周围环境进行气体交换，若一旦受阻，便立即表现出生长不良。

（1）氧气对花卉生长发育的影响。氧气与花卉生长发育密切相关，它直接影响植物的呼吸和光合作用。空气中的氧气含量降到 20% 以下，植物地上部分呼吸速率开始下降，降到 15% 以下时，呼吸速率迅速下降。由于大气中氧含量基本稳定，一般不会成为花卉生长发育的限制因子。在自然条件下，氧气可能成为花卉地下器官呼吸作用的限制因子：氧气浓度为 5%，根系可以正常呼吸；低于这个浓度，呼吸速率降低；当土壤通气不良，氧含量低于 2% 时，就会影响花卉的呼吸和生长。

（2）二氧化碳对花卉生长发育的影响。正常的空气成分，二氧化碳浓度不会影响花卉的生长发育。多数试验表明，在温度、光照等其他条件适宜的情况下，增加空气中的 CO_2 浓度，可以提高植物光合作用强度。因此，在温室生产中可以施用 CO_2，但适宜的浓度因花卉种类不同、栽培设施不同、其他环境条件不同而有较大的差异，需要试验确定。一般情况下，空气中 CO_2 浓度为正常时的 10 ～ 20 倍，对光合作用有促进作用，但当含量增加到 2% ～ 5%（30 ～ 80 倍）时，则对光合作用有抑制，超高 CO_2 浓度会导致呼吸速率降低。在土壤通气差的条件下会发生这种情况，从而影响生长发育。

（3）氮气对花卉生长发育的影响。氮气对大多数花卉没有影响。对豆科植物（具有根瘤菌）及非豆科但具有固氮根瘤菌的植物是有益的。它们可以利用空气中的氮气生成氨或铵盐，经土壤微生物的作用后被植物吸收。所以，氮气既是生物固氮的底物，也是促进叶片生育、制造叶绿素的主要成分。

2.有害气体

有害物质经大气直接侵入植物叶片或其他器官引起的伤害可分为急性伤害和慢性伤害。急性伤害是指空气中有害气体浓度突然升高，持续较短的时间，超过花卉的耐受能力，短时间内表现出受害症状。慢性伤害是指花卉长时间暴露在低浓度有害气体中，表现出受害症状。除了伤害外，大气污染会影响花卉的生理反应，如减慢花卉的生长，减弱花卉的光合作用，使叶组织的呼吸升高或降低，伤害花、种子或萌发的幼苗。

（1）二氧化硫：二氧化硫是当前最主要的大气污染物，也是全球范围造成植物伤害的主要污染物。火力发电厂、黑色和有色金属冶炼、炼焦、合成纤维、合成氨工业是主要排放源，其达到一定浓度后，破坏叶绿体使细胞脱水坏死。

（2）氟化氢：①危害幼叶、幼芽，新叶受害比较明显。气态氟化物主要从气孔进入植物体，但并不伤害气孔附近的细胞，而是沿着输导组织向叶尖和叶缘移动，然后才向内扩散，积累到一定浓度会对植物造成伤害。因此，慢性伤害先是叶尖和叶缘出现红棕色至黄褐色的坏死斑，在坏死区与健康组织间有一条暗色狭带。急性伤害症状与 SO_2 急性伤害相似，即在叶缘和叶脉间出现水渍斑，以后逐渐干枯，呈棕色至淡黄的褐斑。严重时受害后几小时便出现萎蔫现象，同时绿色消失变成黄褐色。另外，氟化氢易使花卉产生病斑、矮化。②氟化氢还会导致植株矮化、早期落叶、落花与不结实。

（3）氯气：氯气对花卉的伤害和氯化氢一样，表现为组织急性坏死，在叶脉间产生不规则的白色或浅褐色的坏死斑点、斑块，有的花卉叶缘出现坏死斑。受害初期呈水渍状，严重时变成褐色，卷缩，叶子逐渐脱落。

（4）氨气：在保护地中太过施用肥料会产生氨气，含量过高对花卉生长不利。当空气中氨气含量达到 0.1% ~ 0.6% 时就会发生叶缘烧伤现象，严重时为黄绿色，干燥后保持绿色或转为棕色；含量达到 4% 后，经过 24 小时，植物即中毒死亡。施用尿素后也会产生氨气，所以最好施用后盖土或浇水，以免发生氨害。

（5）其他气体：①如氧化剂类的臭氧和过氧乙酰硝酸酯（PAN）是光化学烟雾的主要成分，对植物有严重毒害。它们主要来源于内燃机和工厂排放的碳氢化合物和氮氧化合物，在有氧条件下依靠日光激发而形成。a. 敏感植物在 0.1 μL/L 臭氧中 1 小时就会产生症状，能忍受 0.35 μL/L 者即属于抗性植物；伤害症状表现为叶上表皮出现杂色、缺绿或坏死斑；急性伤害也可能出现褪绿症状（叶片颜色变白），严重时两面均坏死。b. 敏感植物在 0.02 μL/L 过氧化酰硝酸酯环境中 2 ~ 4 小时就会受害，但抗性植物可耐 0.1 μL/L 以上。伤害症状是：叶的下表皮呈半透明或古铜色光泽，上表皮无伤害症状，随着叶生长，叶片向下弯曲呈杯状；急性伤害出现散乱的水渍斑，然后干燥成白至黄褐色的带；PAN 的伤害仅出现在中龄叶片上，幼叶和老叶都不受害。

②乙烯：含量达 1 μL/L 就可使植物受害。伤害症状是生长异常，如叶偏上生长，幼茎弯曲，叶子发黄、落叶、组织坏死。

③硫化氢：达到 40 ~ 400μL/L 可使植物受害。冶炼厂放出的沥青气体，可使厂房附近 100 ~ 200m 内的草花萎蔫或死亡。

3.气体敏感指示花卉

对有害气体特别敏感的植物可以作为监测使用。在低浓度有害气体下，往往当人们还没有感觉时，它们就已表现出受害症状。如二氧化硫在 1 ~ 5μL/L 时人才能闻到气味，在 10 ~ 20μL/L 时才感到有明显的刺激，而敏感植物则在 0.3 ~ 0.5μL/L 时便产生明显受害症状。有些剧毒的无色无臭气体，如有机氟很难使人察觉，而敏感植物却能及时表现出受害症状。

常见的敏感指示花卉如下：

（1）监测二氧化硫：向日葵、紫花苜蓿、波斯菊、百日草等。

（2）监测氯气：百日草、波斯菊等。

（3）监测氮氢化物：秋海棠、向日葵等。

（4）监测臭氧：矮牵牛、丁香等。

（5）监测氟：地衣类、唐菖蒲等。

（6）监测过氧乙酰硝酸酯：繁缕、长叶莴苣、早熟禾等。

第三节　园林花卉花期调控

一、花期调控的意义

（一）花期调控的定义

用人工的方法控制花卉的开花时间和开花数量的技术。

（二）开花调控的意义

（1）节庆活动的需要。

（2）花卉均衡周年供应的需要。

（3）追求特定时期高利润的需要。

（4）充分利用设施、场地，提高经济效益的需要。

在当今花卉生产规模化、专业化、商品化的条件下，花期调控是一门既实用又有效的技术，是花卉商品化生产必须掌握的关键技术。

二、调控类型

（1）抑制栽培：比自然花期延后的栽培方式。

（2）促成栽培：比自然花期提前的栽培方式。

（3）四季栽培：让某种花卉一年四季开花的栽培方式。

三、开花理论基础

（一）开花理论概说

（1）成花 = 花芽分化 + 花的发育。

（2）花芽分化是重要的一环，生产上形成了一系列的方法和技术来促进这一生命过程。

（3）花芽分化的研究从形态学发展到了现代分子水平，但对花芽分化机理的研究还处于探索阶段，没有形成定论，只有几个学说。

（二）花芽分化的类型

（1）夏秋分化型：夏秋分化，春天开花，如郁金香等球根类。

（2）冬春分化型：冬春分化，春天开花，二年生花卉。

（3）当年1次分化开花型：夏秋分化开花，如紫薇。

（4）多次分化型：四季开花，如月季、四季桂。

（5）不定期型：视营养状态而定，如葡萄。

（三）成花学说

（1）春化作用：有些花卉需要低温条件，才能促进花芽形成和花器发育，这一过程叫作春化阶段；这种低温诱导植物开花的效应叫作春化作用。

（2）光周期现象：昼夜光照与黑暗的交替对花卉发育，特别是对开花有显著影响的现象。

（3）成花的碳氮比学说：①花芽分化的物质基础是植物体内糖类的积累，以碳/氮表示，即含氮化合物与同化糖类的比例。含糖充足，含氮化合物中等，能促进花芽的分化；否则不进行花芽分化，导致徒长。②生产现象：氮肥过多，只长叶，不长花；整体肥料不足，植物过分瘦弱，也不开花。

（4）成花的成花素学说：①成花素（开花激素）是开花的关键因素。各种激素在植物体内促进花原基的分化形成，花原基又在营养和激素的制约下进一步发育。②目前对于成花素的了解较少，许多处理方式如低温、光周期为此提供了许多佐证。

（5）积温现象：每一种花卉都需要温度达到一定值时才能够开始发育和生长，但温度达到所需还不足以完成发育和生长，还需要一定的时间，即需要一定的总热量，称为总积温或者有效积温。

四、花期调控常用方法

（一）通过定植调控花期

1. 概念

通过种苗种球定植的早晚调控花期。在操作中要注意生产对象的特性，再结合具体的繁殖、生长条件来确定定植期，实现调整开花时间的目的。

2. 类别

（1）管理简单型：只需控制繁殖定植期即可实现预期开花的目的。

（2）管理复杂型：除繁殖时间外，还应满足某些环境条件才能在预定时间开花。

3. 举例

（1）管理简单型——矮牵牛预定花期：春节前后。

播种：9月下旬~10月上旬，在通风、凉爽、光照充足的设施下育苗。

定值：出现5~7片真叶第一次摘心，定植营养袋中，枝条长到6cm摘心一次，80天左右开花。

（2）管理复杂型——蒲包花预计花期：春节前后。

播种：8月中旬～9月中旬，南方气温高，播种不宜，应在相关设施内（比如高山度夏基地）播种。

栽培：要有防雨、防晒、通风的设施，散射光培育，保持空气湿度70%～80%，防叶面积水，防花盆过湿。

（二）通过光照调控花期

1. 概念

通过调节光照时间长短来调节花期，适用于一些对光周期敏感的花卉，比如长日照和短日照花卉。

2. 类别

（1）延长光照时间。

（2）缩短光照时间。

3. 举例：切花菊

预定花期：春节前后。

扦插：农历八月十五扦插，10天生根。

摘心：从菊苗到花芽分化只需15天左右。用摘心方法延迟花期，扩大株型。

灯光控制：延长光照时间，抑制花芽形成，增加枝长，达到切花标准。

停灯：春节前60～65天停止长日照处理，10天进入花芽分化，保证春节开花。

（三）通过温度调控花期

1. 概念

温度可以促进植物进入花芽分化阶段，低温促进花芽分化，较高的温度促进花器官的发育进程。

（1）花芽分化：根据春化作用要求计算时间。

（2）花卉器官发育：可用有效积温来推测花期。

2. 类别

（1）保持低温，完成春化作用。

（2）调控温度以调整花期，高温促进开花，低温延缓开花。

3.举例：麝香百合

（1）促成栽培。

预定花期：春节前后。打破休眠：1℃左右低温储藏，8周。生根期：10月播种，14～16℃诱导生根，4周。生长期：22～26℃，10周后开花。

（2）抑制栽培。

预定花期：随时。打破休眠：1℃左右低温储藏，8周。生根、生长期：采取低温的办法抑制生根与萌芽。通过休眠后，以一层微潮湿的锯末、一层鳞茎交互叠放于箱中，可放2～3层，将箱储存于1℃的冷库中，保持50%的相对湿度，4周后降至–2～0℃冷冻，直至欲开花期前12周取出，出库后先放于5～8℃冷凉处化冻。

（四）通过修剪调控花期

1.概念

修剪可以有效地抑制生长，相对延缓它的发育进程，从而控制花卉的花期。

2.类别

（1）修剪。

（2）摘心。

3.举例：一串红

预定花期：春节前后。扦插繁殖：8～10月扦插，7～10天发根，两周后移栽，25天后上盆定植。修剪控制：扦插成活后一月可开花，想延迟花期，可通过修剪、摘心，重新在侧枝上形成花蕾，摘心到再次开花只需25天。

（五）通过生长调节剂调控花期

1.概念

通过生长调节剂调控花期是指利用植物激素（天然和人工合成）来影响花期。由于植物激素种类多，花卉对激素的使用浓度又比较敏感，所以激素调控将是应用最广泛但生产使用又有较大的难度的一种花控技术。

2.类别

（1）代替日照长度，促进开花。赤霉素可以代替长日照抽薹开花。如紫罗兰、矮牵牛、丝石竹，可用300mg/L喷施。

（2）打破休眠，代替低温。赤霉素可以完全代替低温的作用，促进开花。如用 100mg/L 每周喷杜鹃花 1 次，共喷 5 次，能促进开花，并提高花的质量。

（3）促进花芽分化。赤霉素、乙烯利可以促进花芽分化。如 6- 苄基嘌呤在 7 ~ 8 月间叶面喷施蟹爪兰能增加花头数，乙烯利处理凤梨类花卉可促进成花。

（4）延迟开花。使用抑制剂 B9、多效唑可以推迟花期。如用 1000mg/L B9 喷洒杜鹃蕾部，可延迟杜鹃开花 10 天；用 100 ~ 500mg/L B9 喷洒菊花蕾部，可延迟菊花开花 1 周。

第六章 园林花卉栽培技术

第一节 常见一、二年生草本花卉栽培技术

一、藿香蓟

（一）生态习性

要求阳光充足，适应性强，能自播繁衍，在我国华南地区已逸为野生，分枝力强，可通过修剪来控制株型和高度。喜温暖忌炎热，遇酷暑生长会受到抑制。

（二）栽培与管理

通常春季播种繁殖。每克种子约含 7000 粒，种子发芽适温为 26 ~ 28℃，8 ~ 10 天即可发芽，播种时不能覆盖，种子发芽时应暴露在光线下。生长温度为 15 ~ 18℃，定植后约 10 周即可开花。

藿香蓟生长低矮，最好用作盆栽或是庭院布置中的边缘植物，播种后15 ~ 20 天就可移植，大约 13 周就可开花。在南方地区 11 ~ 12 周就可开花。藿香蓟大体上有蓝色与白色两种，蓝色有深浅之分。植株 15 ~ 20cm，目前常见栽培的品种有夏威夷系列、太平洋系列等。

霍香蓟也有切花品种，叫作 Blue Horizon，可长到 0.6m 高，播种时株行距为 0.3m，开花时间从 6 月一直到下霜为止。

霍香蓟性喜阳光充足，适应性强，分枝力强，可修剪以控制高度。对土壤要求不严，但最适宜栽种在湿润和中度肥沃的土壤上，定植株行距 15～30cm。耐粗放管理，栽后不需过细的管理。

二、香雪球

（一）生态习性

原产欧洲和西亚。植株矮小，15～20cm 高；多分枝。花顶生，总状花序，总轴短，花朵密生成球形，花朵白色或淡紫色，有微香。开花早且花期长，自然花期 3～6 月。生长强健，稍耐寒、忌炎热。对土壤要求不严，但耐湿性差，忌土壤过湿。不可缺少阳光。光照不足则徒长，且生长细弱，香味淡。

（二）栽培与管理

常用播种或扦插繁殖。播种宜秋播，出苗快而整齐。每克大约有 3150 粒种子，种子在 24～26℃温度下 5～8 天发芽。因种粒细小，播种时不能覆盖，种子发芽时应暴露在光线下。生长适温为 10～15℃，定植后生长周期为 7 周左右。

扦插可选生长壮实的枝条于秋季进行。

在播种时每一穴通常有 5～10 粒种子，播种后 20～25 天就可以移植（一般长出 3～4 片真叶时移栽），生长时夜晚温度最好是 10～15℃，播种后 12～14 周可开花，在庭院之中香雪球春天与夏天早期生长很好，在夏天炎热时不会开花，这种现象叫作热休眠现象，到气温降低时又会开花。白色花系植物一般较耐热。

香雪球稍耐寒，喜冷凉气候。宜向阳和轻松土壤，也略耐阴及干旱贫瘠土壤，但不可过湿。一般春播 6 月开花，可延续到 10 月；秋播则在冷床越冬，播后 5～6 周在冷床中陆续开花，但需至翌年 5 月春暖时始盛开。幼苗长出 3～4 片真叶时定植。栽培期间需追肥、松土，花开后应及时剪除花枝，继续追肥，置于半阴处，可以促进再生开花。

三、翠菊

（一）生态习性

原产我国东北、华北以及四川、云南，朝鲜和日本也有分布。喜肥沃、排水良好的土壤和向阳的环境，光照不足，尤其是紫外光不足时，易徒长且花色淡、不鲜亮。耐寒性不强，秋播越冬需在 2 ~ 3℃的最低温环境中，否则容易受冻害。夏季不耐酷热，在炎热的环境中花期延迟或开花不良。

（二）栽培与管理

播种繁殖。翠菊每 1g 种子大约有 420 粒。翠菊可分为切花与盆花两种。切花生长最重要的是夜晚温度要低，大约 10℃，晚上要加光照，一直到植物长到 50 ~ 60cm。7 月中旬播种，在 1 月可开花，10 月播种，翌年 4 月可开花，5 月播种，9 月开花。盆栽用矮型品种四季均可播种，多春播。2 ~ 3 月温室播种，5 ~ 6 月开花；4 ~ 5 月露地播种，6 ~ 7 月开花；7 月上中旬播种，可在"十一"开花；8 月上中旬播种，幼苗在冷床越冬，翌年"五一"开花。盆栽矮生品种株高为 15 ~ 20cm，对栽培条件要求严格，当枝头现蕾后应控制浇水施肥，以抑制高生长。待侧枝长至 3cm 左右时可浇水 1 次，这样有利于形成低矮密集的半球形株型。一般在 18 ~ 21℃之下 8 ~ 10 天发芽。播种时对光照要求不严。从播种到开花需要 14 周左右。大苗不耐移栽，在夏季干旱时应勤浇水。

秋播开花更好，但维护费用高，尤其是华东、华中地区，秋播花多且生长强健，病虫害少。

翠菊为浅根性植物，耐旱能力不强，生长期应经常浇水，干燥季节更应注意水分的供应。对土壤要求不严，但喜富含腐殖质的肥沃而排水良好的砂质壤土。不过，水肥过大容易徒长、倒伏或发生病害。生长期间要求光照充足，不耐水湿，高温高湿易受病虫危害。不宜连作，栽过翠菊的土壤得过 4 ~ 5 年后才能再行栽植，否则易受病虫危害且生长不良、易退化。耐寒性不强，秋播需冷床保护越冬。

翠菊栽培中常见的病害为猝倒病，病原体为爪哇镰刀菌。病原体在土壤中或病株残体上越冬，腐生性较强，能在土壤中长期存活，借雨水和灌溉传播很快。土壤湿度大、播种密度大、气候闷热等都容易导致病害发生和加重。连作发病较重。主要发生在幼苗的茎基部和根部，当土壤湿度高时，在病苗及附近土表通常可见一层白色絮状菌丝体。

防治方法：

（1）土壤处理。用40%五氯硝基苯以每平方米6～8g的用量撒入土壤中拌土处理。

（2）发病初期用50%多菌灵可湿性粉剂500倍液喷施或75%百菌清可湿性粉剂600倍液喷施，每7～10天喷1次，连续3次基本可以控制病情。

虫害有红蜘蛛，可用1500倍40%乐果喷施防治。

四、秋海棠类

（一）生态习性

四季秋海棠原产巴西，性喜温暖湿润气候，不耐寒，宜半阴，忌高温高燥，过分干燥的环境中叶片皱缩无光泽，开花不良。生长适宜温度20℃左右，低于10℃生长缓慢。适宜空气湿度较大、土壤湿润的环境，不耐干燥，亦忌水湿。喜半阴环境，夏季不可放在阳光直射处。新培育的杂交品种栽培管理容易，花期持久，对光照要求不严，花多而株矮，露地栽植可一直开花到深秋。盆栽在四季均可观赏。

（二）栽培与管理

1.四秋海棠

四季海棠又称须根海棠，多用作盆栽与庭院景观布置，它们对生长立地条件要求不高，而且具有连续开花习性。秋海棠的种子非常小，每克种子约70000粒，肉眼看起来就像细沙，种子要经过包衣处理，才可用手或机器播。在21～26℃之下14～21天就可发芽，播种时不能覆土，盖上透明塑料薄膜或玻璃，放在半阴处。播种期要求土温保持在21℃以上，并且应保持播种基质均衡的湿润，最好是温水喷雾保湿。幼苗长出后及时喷施稀薄液肥，待真叶长出后，及时移栽到富含有机质的栽培基质中育苗。炎热夏季应适当遮阴。

一般播在浅盆中，播种用土可为泥炭土2份加沙1份充分混合，用细筛筛过并消毒后使用。浅盆底应填入排水物（陶粒等），上面放播种用土，适当填压整平后即可播种。因种粒太小，最好混以沙子后撒播，切忌过密。灌水宜采用盆浸法，现经试验发现对于微粒种子，有一种较好的播种方法，即微粒种子育苗法。

微粒种子的育苗通常多用盆浸法，即把播有种子的育苗浅盆放入另一较大的盆中或适宜的容器里，加水至苗浅盆沿下部，水从浅盆的底孔渗进盆土，保持苗浅湿润。这样做是为了防止盆浅表层的微粒种子不被水冲跑。这种育苗办法的缺点是很难保证盆浅内土壤湿度适宜，往往是盆土过湿而造成瞎苗，并且操作不便。

微粒种子育苗法相对来说简便易行。具体操作是：按常规育苗方法，将筛好且经过消毒灭菌的培养土装入苗浅内，稍压实，再把掺有少量细沙土的微粒种子均匀地撒播在表土上，然后再用普通的卫生纸铺盖一层（过薄的可用两层），用细眼喷壶洒水。纸被湿润后会立即贴紧土面，再继续喷水，水会很快透过纸而渗入土壤，直到苗浅底部渗出水来。因种子在纸与土的夹层中被卫生纸阻隔而不会被水冲跑。第一次浇水要充足，尔后每当见纸面稍干，就要及时喷水，一直保持湿润状态，直到出苗。每次喷水时，要缓慢喷淋，避免卫生纸被冲走。因卫生纸能保湿、透气，满足种子发芽的需要，小苗也会穿透湿软的卫生纸长出。当苗浅内卫生纸被出土的幼苗顶起到一定程度时，即可将卫生纸去掉。残留在盆浅中的卫生纸碎片一般对花苗无影响。

一般待种子发芽后逐渐增加光照，并注意通风。待长出 1 ~ 2 片真叶时进行分苗，盆土可加适当肥分。早期施少量的肥料非常重要。

一般待长出 4 ~ 5 片真叶时移栽，盆土用泥炭土或腐叶土 1 份、园土 1 份、沙 1 份配合，并加入适量厩肥、骨粉或过磷酸钙。生长旺季应注意水肥管理，浇水应充足，保持盆土湿润，冬季应适当减少浇水量。旺盛生长期应进行摘心处理。夏季应庇荫和防雨，冬季则喜阳光充足。

夏季通风不良易患白粉病，可用代锌森防治，生长期常发生卷叶蛾幼虫，可用乐果防治。

2. 球根秋海棠的栽培与管理

球根海棠花大型、茶花样的花，有球根，花的直径为 10 ~ 12cm，有许多非常美丽的颜色。繁殖可用种球与种子，以种子繁殖多见，球根海棠一般多用作盆栽或吊盆。虽然现在球根海棠种类很多，但它生长的基本要求是一致的，其中对土壤、温度、肥料、日照长度的控制要求比较严，在秋冬之季，球根海棠要进行长日照处理，使之开花而不会长球根；短日照条件下抑制开花促进块茎生长。

球根秋海棠性喜温暖湿润、日光不太强的环境。生长适温为15～20℃，一般不要超过25℃，若高于32℃则茎叶枯落，甚至引起块茎腐烂。冬季不能低于10℃。生长期间保持夜间温度为18.5℃，白天温度24℃较好，并且最好从3月中旬开始每天补充光照4～5h，保持较高空气湿度，白天约75%，夜间约80%以上。

种子极小，每克约53000粒。温室条件下周年可播种，但通常在1～4月进行，1月播种，5～6月开花；3～4月播种，7～8月开花。也可秋播，温室温度保持在7℃以上。播种方法基本上与四季秋海棠相似，必须保持土壤湿润，温度为21～25℃、14～21天发芽，播种期间需要适当光照。种子萌发后移去玻璃或去掉塑料膜，逐渐增加光照，待长出2～4片真叶时移栽1次，移栽时也应逐渐增加光照以缓苗、练苗，待幼苗逐渐长大后再移苗1次，用土与播种用土相同；最后定植于口径14～16cm的盆中，用土为腐叶土或泥炭土1份、壤土2份、河沙1份的混合土，再适量加肥。

3.丽格海棠的栽培与管理

丽格海棠是由冬天开花的球根海棠与夏天开花的球根海棠杂交而成的。它的花为复瓣，花的直径为2～3cm，花的数量非常多。丽格海棠对培养土温度、肥料的要求非常严格，对光照的要求也严格。

丽格海棠的播种与栽培管理方法基本与球根秋海棠相似，总体来说要求管理更精细。

秋海棠栽培中要特别注意：①及时摘心以控制株型和再次开花数量；但在每次摘心后应注意适当控制浇水，待新枝萌出后再恢复正常浇水。②在秋海棠的整个生育期都应经常向叶面喷水，但摘心期间应暂时停止。

秋海棠的主要病害有立枯病和根结线虫病等。

立枯病病菌多从幼苗根茎基部侵入，受害部位开始表现为暗色斑点，然后扩大为棕色收缩性腐烂，以致幼苗大批死亡。因此，除播种前土壤消毒处理外，出苗后应每隔7～10天喷1次600倍代森锌，可以有效地防治此病的发生。

根结线虫主要是使植株矮化，叶片变小，节间缩短，叶片黄萎至枯死。防治措施是将盆土在施用前放在强阳光下暴晒几天，即可杀死大量线虫。

第二节　常见宿根花卉栽培技术

本节主要介绍宿根花卉菊花的栽培技术。菊花别名秋菊、黄花、九月菊、鞠。属于菊科，菊属。

一、观赏特性

多年生宿根草本，茎基部半木质化。高 60 ~ 150cm。茎直立多分枝。叶互生有柄，叶片卵形至广披针形，有时有羽状浅裂或深裂，叶缘粗锯齿，随品种类型不同叶形变化很大。小枝绿色或带灰褐色，全株被灰色柔毛。头状花序单生或数个集生于茎枝顶端，有香气。舌状花为雌性花，形、色、大小多变，多具有鲜明的颜色，筒状花为两性花，密集成盘状，多黄色或黄绿色，聚药雄蕊 5 枚，柱头二裂，子房下位，自然情况下授粉不良，瘦果常不发育。花色除蓝色少见外，黄、白、红、橙、紫等色，浓淡均有。花期 10 ~ 12 月。

菊花是我国传统十大名花之一，栽培历史悠久，目前世界上园艺品种达 20000 多个，我国有 3000 多个。菊花品种繁多，分类方法也有多种。

（一）按花期分类

夏菊，花期 6 ~ 7 月；早菊，花期 9 ~ 10 月；秋菊，花期 10 ~ 11 月；寒菊，花期 12 月至翌年 1 月；四季菊，又名长春菊，花期较长。

（二）按花径大小分类

大菊，花径 20cm 以上；中菊，花径 10 ~ 19cm；小菊，花径 10cm 以下。

（三）按花瓣形态、花型不同分类

1. 平瓣类

舌状花瓣宽，平展。主要花型有宽带型、荷花型、芍药型等。

2. 匙瓣类

舌状花二至多轮，瓣片内曲拱状呈匙形。主要花型有匙荷型、雀舌型、蜂窝型、莲座型等。

3. 管瓣类

舌状花瓣圆管状，形状像松针、丝发等。主要花型有单管型、松针型、丝发型。

4. 畸瓣类

舌状花瓣畸形，呈匙、管状，先端扩大多变成毛刺、龙爪等。如龙爪型、毛刺型、剪绒型等。

（四）依整株方式不同分类

独本菊（又称标本菊），每株 1 枝 1 花；立菊，1 株数花；大立菊，1 株同时开放成百上千朵花，株大花多，花期一致；悬崖菊，小菊整枝成悬垂状。

二、生态习性

菊花原产于我国，现南北各地普遍栽培。为短日照喜光植物，喜凉爽气候，耐寒，地下宿根能耐 $-30℃$ 的低温，能在北方地区露地越冬，但地上部分在 $-1℃$ 时即受寒害，所以在北方园林中仅以盆栽观赏为主，未发挥宿根花卉的作用。小菊较大菊耐寒。要求疏松、肥活、湿润、排水良好的沙质土壤，不耐积水，忌连作。性喜日照充足，炎夏期间中午应适当遮阴。若人为控制光照，可催延花期，周年开花。生长发育最适温为 18 ~ 22℃，夜间温度下降到 10℃左右，有利于花芽分化。

三、繁殖方法

以扦插繁殖为主，还可嫁接、分株和播种。扦插是菊花繁殖的主要方法，从 3 ~ 9 月均可进行。在扦插时选取枝条新梢，插穗长 8 ~ 10cm，具 3 ~ 4 个节

（中下部枝条也可作插穗，但生根能力较弱），剪去下部 2～3 片叶，插入盛有细沙的浅盆或冷床中，插后第一周遮阴，保持土壤湿润，第二周时中午遮阴，以后全日照，15～21 天后生根。也可于 11 月至翌年 3 月，割取菊花根旁的"脚芽"扦插。脚芽是最好的繁殖材料，生根快，生长好。

嫁接法可培育出特大型立菊或构成层次高大的塔菊。一般在夏秋季选择野生粗壮的艾属蒿草（青蒿、黄蒿）作砧木，在温室内栽培，选择在 4 月中下旬进行嫁接，嫁接好后用木槿或柳条靠地防止倒伏。

悬崖菊开花后至第二年清明前可进行分株繁殖。方法是秋季将整个母株挖出来，抖掉根上的泥土，去掉枯枝残根，将地上部分短截至 610cm，用刀剪劈开根系连接部分，分成若干小丛，每丛有 2～4 根枝干及完整的根系，重新栽植，成活率很高。

四、栽培管理

盆栽菊花和立菊的栽培原则是冬存、春种、夏定、秋养。方法是入冬后，将种株剪去残花，移植于背阴向阳处越冬，第二年春天加强肥水管理，于 6 月上中旬剪取种株上生长粗壮的新梢作插穗进行扦插，插后注意遮阴、保湿，经过一个半月的培育，当新株根系较为发达时，即可移植。盆土用园土 5 份、腐叶土 2份、厩肥土 2 份、草木炭 1 份加少量石灰、骨粉配制而成。移植方法有瓦筒植、盆植、套盆植三种。盆植法可根据菊花生长状况，先移植到口径 15cm 的瓦盆中，8 月后定植到口径 25cm 的盆中。移植上盆后放在阴凉处，4～5 天后移至阳光充足处，立菊一般独花 3～5 朵，独本菊则每株 1 枝 1 花。当苗高 15～20cm时，进行第 1 次摘心，留下部 4～6 枚叶，3～4 周后当侧枝生出 4～5 枚叶时，可进行第 2 次摘心，保留 2～3 枚叶，8 月上旬进行最后 1 次摘心，称定头，定头后抹去所有腋芽，仅保留顶部 1 芽生长发育成花枝。菊花生长期间应经常施追肥，可用人粪尿、豆饼生长发育成花枝。苗小时施肥量少些，以后逐渐增多。当菊花花蕾形成后，每 4～5 天施肥一次，但在夏季高温期间及初秋花芽开始分化时应停止施肥。菊花现蕾后需水量增大，此时应浇足水，保证植株生长良好，花大色艳。9 月花蕾出现后，每枝顶端的花蕾最大，称正蕾，应保留正常，剔去侧蕾。使养分集中在正常上。白花和绿色的品种为保持花色纯正，开花后应移在庇荫处栽培。花朵开放后，因花头重量较大，向一方歪斜，可设立柱扶植枝条，设花托承托花头，充分表现花朵的优美形态。

五、园林用途

菊花是我国传统十大名花之一，也是国际上深受欢迎的花卉之一。其种类繁多，用途广泛，是秋季花坛、花境、花台及岩石园的重要材料，又可做室内外盆花装饰，用来举办大型的菊花展览，造型多彩多姿，美不胜收。切花可供做插花、花束、花环、花篮等。目前世界菊花切花的销售额，在各种切花中占第一位。此外，菊花还可食用、药用，深受人们喜爱。

第三节　常见球根花卉栽培技术

一、水仙花

（一）观赏特性

多年生草本植物，是我国传统出口名花。株高 30 ～ 50cm。根为肉质须根，乳白色，脆弱易折断，无侧根，长 5 ～ 50cm。诱发好的根系嫩白繁茂，可设计利用作龙须、瀑布等。地下鳞茎肥大成扁球形，由鳞茎皮、鳞片、叶芽、花芽及鳞茎盘等组成，横径 6 ～ 8cm，鳞茎外面有褐色膜。商品鳞茎传统按大小分级，花农以特制大小一致的竹篓筐（现改为纸箱）装水仙花头，1 篓筐装满 20 粒称为 20 庄水仙花头，在分级上最大，质量最好。依次是 1 篓筐装满 30 粒称为 30 庄，40 粒称 40 庄，直至 50 庄、60 庄等。水仙花叶片呈扁平带状，狭长，2 列平行脉，先端纯，稍肉质，是由鳞茎芽萌发的，无叶柄。花茅自叶丛中央抽出，中空呈绿色圆筒形，顶端着生伞形花序，有花 6 ～ 12 朵，芳香，总苞膜质，也称佛焰苞。花被高脚碟状，边缘 6 列，白色；副冠浅杯状，鲜黄色；两性花，子房下位。花期 15 天，花期 1 ～ 3 月。中国水仙是多花水仙即法国水仙的变种，有两种品系：

（1）金盏银台：花单瓣，黄色；副冠鲜黄色，浓香。

（2）玉玲珑：花复瓣，呈黄白相间色，花形大，香气淡。

（二）生态习性

水仙花大多原产于欧洲中部、非洲北部及地中海沿岸。中国水仙分布在我国东南沿海温暖湿润地区，延至日本和朝鲜。福建漳州、上海崇明、浙江舟山栽培最多，以漳州水仙最负盛名。水仙对环境条件的要求是：冬无严寒，夏无酷暑，喜光、喜凉爽气候，要求富含腐殖质、疏松、肥沃、湿润而排水良好的沙壤土。水仙在栽培时对水分要求严格，需水量大。水仙对温度很敏感，温度高（一般平均温度在25℃以上）即进入休眠，一般在6~8月。休眠后在鳞茎内进行花芽分化，秋季萌芽、展叶，冬春季开花。

（三）繁殖方法

以分球法为主。将地下母球周围分生出的鳞茎侧球（亦称子球、脚芽）掰下，于秋季另行栽植，培育两三年后长大成球，方能栽培开花。水仙是3倍体，高度不孕，不结实，只能进行无性繁殖，不能采用种子育苗。

为加速繁殖速度，提高效率，一般二年生鳞茎可采用双鳞片法繁殖，方法是将二年生的种鳞茎纵切为8~16块的扇形块，再每隔两个鳞片纵切鳞茎盘一刀，注意每个鳞片切块一定要带有鳞茎盘，成为两个鳞片下带有鳞茎盘的双鳞片。浸水处理后放入加有蛭石细沙的塑料袋中密封，置于暗处培养2~4个月，在适宜季节和培养条件下可达到80%以上的成球率。

（四）栽培管理

水仙大面积生产栽培，而后作为商品销售，有以下两种栽培方法。

1.旱地栽培法

此法适宜在田地少、水源少的地方栽培，水仙的生长及鳞茎质量都较好，也可与郁金香、风信子以及夏季作物轮作，既可经济利用土地，又能充分发挥土壤肥力，国外露地栽培均用此法，我国浙江舟山和上海崇明也常采用此法。

（1）整地做畦：选择背风向阳、土质疏松、土层深厚的地段做园地，深耕细耙，平整表土，整成宽 1.5m、长 8m（或根据地长）的畦，施足基肥。

（2）栽培管理：栽植期宜选在霜降（10 月下旬）前后。在畦面上开沟栽植侧球，株距约 20cm，覆土 5cm 左右，压实整平后在畦面覆盖稻草以保墒和防止杂草生长。栽后灌透水并经常保持土壤湿润，翌春加强水肥管理，保持园地湿润，但不积水。

（3）采收贮藏

芒种前后（6 月初），地上部分完全枯萎后，叶片腐烂尽时（不能提前收取），选择晴天挖收，掘起鳞茎，切掉须根，剪去叶片，晾晒干后置阴凉处度夏，进行花芽分化。也可将鳞茎盘和两边相连的脚芽用泥包住，放在阳光下暴晒，泥巴干裂后收藏起来，秋季再行栽植。经过 3 年培育，即可发育成大球做商品出售，供露地栽培或水养开花欣赏。

2. 灌水栽培法

用稻田来栽培生产水仙花，整个栽培过程用灌水栽培，干湿交替如同水稻的灌溉管理，所以也称水田栽培法，是我国著名的漳州水仙所特有的生产球根的栽培方法，在管理上比较严格、细致。

（1）整地溶田：选择背风向阳、排灌方便、富含腐殖质、疏松透气良好的土壤，于 8 ~ 9 月翻耕土地，放水漫灌，浸泡 1 ~ 2 周，待土壤充分浸透后将水排出，并进行多次翻耙。漳州地区常有七犁八耙的说法，说明一定要犁烂耙透。然后犁沟成畦，待土壤充分晒干后，打碎土块平整畦面，再上下翻畦，让其松透，每公顷施入 9000 ~ 13500kg 垃圾土和人粪尿做基肥。然后做高畦，沿每畦四周挖灌溉沟，沟宽 30 ~ 40cm，深 30cm，沟底要平。要求全田的畦高低一致，以便排灌均匀。

（2）选种种植：挑选生长健壮，鳞茎盘小而坚实，球体无病虫害的种球，浸于 40℃、1 : 100 的福尔马林溶液中消毒，浸泡 5 ~ 10min。霜降前后:（10 月下旬）在整好的畦面上开条播沟，使水分自苗根底部渗透至床面。为防止水分蒸发，保持床面湿润，隔 1 ~ 2 天后用稻草覆盖床面，并将稻草的两端垂入水沟。

（3）采收贮藏：秋季植球，翌年初夏起球，方法同旱地栽培法。

（4）水分管理：水仙播种出苗后正值秋季，日照时间较长，根叶生长旺盛，对水分的需要量大，应引水沟灌，保留 2 ~ 3 天后排干，保持土壤湿润。冬至前后，水仙花鳞茎开始膨大，部分主芽抽薹开花（及时摘除），要及时灌水，2 ~ 3

天排干。翌春梅雨天气要及时排出雨天积水，春旱晴天要引水灌溉。采收前水分管理以促熟为主，不宜过多，以防鳞茎腐烂。

经 3 年培育成的含有花芽的水仙鳞茎，常做室内水培，经过精心雕刻，可培育成各种惟妙惟肖的造型。具体做法是：选鳞茎硕大、球体饱满的种球，剥除干枯的表皮皮膜，去除根部护根泥和枯根，以便于迅速生根。根据造型要求雕刻花叶苞、删削叶片。雕刻后，将花头浸入清水中漂洗 2 天。浸泡 1 天后，应将花头取出，洗净黏液，用纱布蒙盖在鳞茎切口以下，以保护花头不发黄并迅速长根。水仙花头经雕刻、浸泡、洗净、包棉后就可上盆水养，30 天左右开花。

（五）园林用途

水仙花淡妆素雅、亭亭玉立、品性高洁，是元旦、春节期间的重要观赏花卉，寒冬盛开，芳香馥郁，春意盎然，有"一盆玉蕊满堂春"的情趣。既可美化庭院，又可雕刻造型后举办水仙花展，是世界上少有的草本花卉中能雕刻造型的艺术珍品，玲珑剔透，秀逸潇洒。由于水养方便，深受广大人民群众的喜爱，我国南北各地普遍栽培，为冬春季重要的室内观赏花卉。

二、郁金香

（一）观赏特性

多年生草本植物。具有扁圆锥形鳞茎，鳞茎皮纸质，紫红色或褐色。茎光滑被白粉，高 20 ～ 50cm。叶 3 ～ 5 枚，基生，带状披针形或卵状披针形，全缘，呈微波状，稍有白粉披被。花生茎顶，常单生，少数 2 ～ 4 朵，直立，杯状；花形有卵形、球形、碗形等；花被片 6 枚，长 5 ～ 7cm，有白、红、黄、粉等各种单复色，单瓣、重瓣均有，花瓣外轮稍尖，内轮短，形状全缘、具缺刻、带褶皱等；雌、雄等长，子房近圆形，柱头大。

（二）生态习性

原产地中海沿岸、中亚细亚、土耳其和我国。野生的全世界约有 100 种，我国产 14 种，主要分布于新疆，在甘肃临洮、河北灵寿、四川西昌等有较大规模的繁殖基地。宜冬季温暖、湿润，夏季凉爽，喜阳光，耐半阴，耐寒。喜排水良好且富含腐殖质的微酸性土壤，忌低湿黏重土壤。最佳生长适温为 15 ~ 18℃，花芽分化适温为 17 ~ 23℃，其耐寒性强，可耐 –35℃低温，低温 8℃即可生长，超过 25℃抑制花芽分化。花朵昼开夜合，一般开放 5 ~ 6 天，在天气凉爽、湿度大的情况下可长达 12 天左右。花谢后地上部分开始枯萎，且在老鳞茎基部发育成 1 ~ 2 个可开花新球和 6 ~ 7 个子球。郁金香鳞茎在休眠中进行茎、叶、花芽的分化。根再生力弱、易折断，不宜移植。

（三）繁殖方法

1. 分球繁殖

华北地区宜 9 月下旬至 10 月下旬种植，华东地区宜 9 ~ 10 月种植，较温暖地区可在 10 月下旬至 11 月上旬种植。栽植地点的温度、光照、水分、土壤条件等尽量符合其最佳生长发育环境条件，不同品种要求也各不相同，在大量繁殖时应注意。用充分腐熟的猪、牛、鸡粪，人粪尿等，按 10.5 万 kg/hm² 均匀翻入土中，耕作层 20cm 以上，其适应范围较广，在 pH 为 6 ~ 7.5 的沙壤土、轻黏土中均可生长。最宜排水良好、有机质含量高、肥沃疏松、通透性好的沙壤土。栽植管理：株行距为 7cm×11cm，覆土厚度为鳞茎直径的 2.5 ~ 3 倍。栽后立即灌透水，入冬前如土壤较干应再灌一次。早春土壤解冻后，腋芽萌动出土，每 2 周追肥 1 次，用硝酸钙或硝酸钾 2% ~ 3% 的液肥结合浇水进行灌根。直至休眠前 3 周停止水肥。每次灌溉、追肥忌过湿，否则土壤通透性变差影响其正常生长且易发生病害。收获：将子球培养成做切花用的新球，一般周长 3cm 左右的要培养 2 年，周长 5cm 的培养 1 年即可达到 12cm 做切花生产用球。夏季茎叶部分枯萎时进行收获，挖出鳞茎时要仔细，勿有损伤，清除掉泥土，消毒、贮存。

2. 播种繁殖

播种一般在秋季，播种苗通常需 5 年才能开花。

（四）栽培管理

1. 种球的选择、处理

（1）种球的选择：周长 12cm 以上的种球可做切花栽培用，9 ~ 11cm 的种球可做盆花或供露地栽植用。

（2）种球的处理：种球的贮藏条件与定植日期直接影响到开花的早晚、质量等。一般种球收获后，放在通风干燥的地方，温度在 25℃，7 ~ 8 月贮藏温度为 17 ~ 18℃。经过这段时期的贮藏，花芽长至 4mm 长，分化已基本完成，但还要经低温春化后才能开花，目前常用低温处理打破休眠。

露地越冬的郁金香于 9 月栽植，翌年 4 月开花，在这一时期会经过一个自然春化阶段，而促成栽培的则需人工控温进行春化处理。

12 月开花的，于 8 月中下旬将种球进行 13℃控温处理 3 周后，将温度降至 5℃处理 9 周，于 10 月中下旬定植，或于 8 月中下旬将种球置于 9℃温度下贮存 6 周，再进行定植。

2 月开花的，于 10 月进行 5℃处理 6 周，于 12 月上旬定植。

3 月开花的，是半促成栽培也叫晚期促成栽培，于 1 月下旬种植，经前一个时期的贮存，经过了自然春化，可不予人工处理，或在 7 月至 9 月初在 23℃条件下，9 月至 10 月初在 20℃条件下，10 月至 11 月初栽植时保持在 17℃。

（3）种球的消毒：种植前扒去种球包膜，剔除病球，用菌毒消 200 倍液或百菌清 800 倍液浸泡 30min，在消毒过程中勿损伤鳞茎。

2. 栽植

（1）基肥：施入充分腐熟的有机肥，土壤黏重地区还应按 12 万 kg/hm² 施入以炉渣为主体充分发酵的酵肥（人粪尿）或进行盆栽基质的配制，盆栽基质以炉渣：沙土：腐熟厩肥为 1：3：1 配制。

（2）土壤消毒：以多菌灵 500 倍液和 75% 辛硫磷乳油 1000 倍液喷浇土壤。

（3）做畦：做高畦，畦宽 120cm，种植层厚 30cm，工作道宽 45cm。

（4）定植：株行距 10cm×12cm，如做盆栽每内径 20cm 的盆栽 3 个。覆土厚度为球径的 1.5 倍，如鼻头已长出可以鼻头尖端与土表平齐。

3. 栽后管理

（1）水分：种植完毕后立即浇透水，在盆内种植的还可表层覆盖稻草浇水，以透为准，严禁积水。出苗期保持土壤充分湿润，一旦成苗，减少水分保持土壤潮湿，视土壤湿度决定浇水次数。郁金香的栽培水分是关键之一，土壤过湿透气性差，易产生病苗，过干又易生成盲花。

（2）温度：出芽前后如阳光较强应给予遮光，白天温度保持在 18 ~ 24℃，夜间温度保持在 12 ~ 14℃，可根据花期不同及生长状况在此范围内进行调整。

（3）追肥：在基肥充足的前提下，在 3 叶期喷 0.3% 磷酸二氢钾一次，花蕾长出后和开花后各追肥一次。

4. 病虫害防治

（1）病害：郁金香较易感染病害，如碎锦病、灰腐病、冠腐病等。主要以防为主导措施：避免连作；严格进行土壤及种球消毒；及时清理病株；定期喷浇杀菌剂；在挖取及栽植鳞茎时避免损伤；土壤勿过温。

（2）虫害：郁金香的病害与虫害有直接关系，如碎锦病一般由蚜虫传播感染，所以虫害也应尤为注意。蟒蟆易危害鳞茎和根，基肥应充分腐熟，可用 75% 辛硫磷乳油或 50% 的磷胺等 1000 倍液灌根。蚜虫可用 40% 氧化乐果 1000 ～ 1500 倍液或绝蚜一号 1500 倍液喷洒。

5. 切花及鳞茎采收

（1）切花采收：在花朵含苞待放时，从花或基部剪下，留 2 片叶。采花尽可能在早晨，郁金香在阳光充足时开放，阴天及傍晚闭合，采收及早为好。

（2）鳞茎采收：花开后地面叶黄枯萎，在晴朗天气进行采收。挖出鳞茎后除去残叶残根、浮土，将表面清洁干净，勿伤外种皮，分级晾晒贮存，忌暴晒，防鼠咬、霉烂。

（五）园林用途

是重要的切花材料之一。在园林中成群配植，群体效果很好，用于花坛、花境、坡地栽植，林缘草坪边片植、丛栽，还可做盆花。

三、百合

（一）观赏特性

多年生草本植物。鳞茎扁球形，由 20 ～ 30 瓣重叠累生在一起，无皮。茎绿色、光滑、直立。散生叶披针形，螺旋着生于茎上。总状花序，花单生或簇生；花被片 6 枚，喇叭型，大花型。花色有白、粉、橙等。同属以麝香百合、鹿子百合为著名切花。麝香百合，株高大于 100cm，花单生或数朵顶生，平伸或稍下垂，白色，花心部有绿晕。鹿子百合，株高 100cm，总状花序花梗长 11cm，下垂，花被张开反卷，花径为 13cm，边缘波状，橘红色或白色，花瓣基部有红色斑点。

（二）生态习性

原产中国、日本、朝鲜。在我国河北、河南、陕西、甘肃一带分布广泛，沿至今日，欧美各国都普遍栽培。

性喜凉爽、湿润，根健壮。属短日照植物，喜阳光充足，耐寒性强，忌热。喜排水良好、土层肥沃深厚的微酸性沙壤土。

（三）繁殖方法

1. 分球繁殖

鳞茎生长一年后会形成 1～9 个新鳞茎，如适当深栽或现蕾后覆土并及早摘一部分花蕾，可使新鳞茎增多。这些新鳞茎根系健全，分开后可单独栽种。一般将新鳞茎在秋后沙藏至翌年春种植或在秋天深植土中。

2. 鳞片扦插

（1）鳞片选择：将秋季成熟的健壮无病毒植株阴干，剥去外层萎缩片瓣，将其余鳞片逐个剥下，勿伤鳞片表面以防感染，每个鳞片基部带一部分盘基组织，以促进形成新鳞茎。剥下鳞片用 50% 多菌灵 800 倍液浸 15 分钟后取出晾干，使鳞片基部稍收缩。

（2）基质准备：以泥炭：珍珠岩（蛭石）按 1：1 的比例配制成扦插基质，这是因为泥炭中含胡敏酸对刺激切口产生愈伤组织和发根都极为有力。

（3）扦插：株行距为 4cm×4cm，扦插深度为 2/3。温度 20～24℃。过一个月左右可形成小鳞茎，经过 2～4 个月鳞茎生根后即可栽种，需 2～3 年开花。

3. 播种繁殖

多用于培育新品种。在种子成熟后立即播种。在温室中可在 2～3 月播种，温度白天在 22℃、夜间在 10℃，保持空气和基质适当潮湿，20 天左右即可发芽。百合的实生苗 2～4 年才能开花。

4. 插腋芽

取健壮腋芽随采随插。用泥炭：珍珠岩按 1：1 的比例配制扦插基质，按 4cm×4cm 间距，覆土深度以芽尖稍露出基质表层为准，轻按基质使腋芽与基质充分接触，每天保持基质适当湿润，10 天后即可生根。

（四）栽培管理

1. 种球处理

百合常因种球休眠而导致发芽率低及盲花，打破百合休眠成为关键所在。进行促延花期的种植，首先要对种球进行打破休眠处理才能按预期开花。

常用打破休眠的方法有温水浸泡、冷藏、激素处理。一般冷藏时间过长易使切花品质下降，对球根进行激素喷洒处理，效果不佳，而用温水浸泡对防治根螨效果较好，也能增加植株生长势。用温度为 48℃的水，把种球浸入且各部分温度均一，每隔 3min 提起后再浸放，反复 3 次，然后再浸入 45℃的水中泡 1h。温度勿达 50℃，否则易受损伤降低花枝质量。

普通百合自 9 ~ 11 月定植，第二年 4 ~ 6 月产花。进行促成栽培的百合在打破休眠后还需进行人工低温春化才能按预期开花。

2. 种球消毒

用 300 倍甲醛稀释液浸泡鳞茎 10min 后用清水洗净，或用 50% 多菌灵可湿性粉剂 800 倍液浸泡鳞茎 30min 后洗净晾干。

3. 土壤准备

每公顷施入腐熟的厩肥 60000kg 和磷酸二氢钾 750kg，与土均匀混合。施入基肥后土壤至少翻晒 2 次，每次晾晒 7 天。用蒸气消毒，一般病菌加热 60 ~ 100℃，30 ~ 40min 即可死亡，或用 2% ~ 3% 的甲醛稀释液浇灌土壤，每平方米 18kg 药液；干土用 1% 甲醛稀释液，每平方米 36kg，施入后用塑料薄膜覆盖 2 天揭膜，翻土，晾晒 7 天。种植床用高畦，畦宽 90cm、高 30cm，工作道宽 40cm。

4. 栽植

一般株行距为 25cm × 20cm，栽植深度为球径的 2 倍。

5. 温度

百合生长适温以 15 ~ 20℃为最好，在温度低于 5℃时停止生长，但能耐 –3℃低温而不受冻害，在温度高于 25℃时停止生长。促成栽培的百合 1 ~ 2 月产花的，夜温需保持 15℃，2 ~ 4 月产花的种植时温度为 15℃。

6. 光照

百合多产在山林下，耐阴性较强，所以光照强弱对生长无太大影响，但光照太弱，植株生长也较弱，从而影响了花芽分化。有些品种对日照长短较敏感，当花芽伸长到1cm时，若光照不强是很容易发生消蕾现象的，可采用人工补光解决。方法是：每350m² 耕作面积安装200W 防水白炽灯一排，在花芽分化前每天开灯3h，至花芽伸长至3cm时停止，对防止消蕾有良好作用。

7. 水分

种植后立即润透水，花芽分化期水分充足，花后水分减少，整个生长发育期保持土壤湿润，严禁积水，否则易引起病菌感染导致腐烂等。

8. 追肥

整个生长期每15天施液肥一次，尿素：磷酸二氢钾：水为3：2：1000做根外追肥。自植株出芽40天时，连续3天喷硝酸钾：硫酸铵：水为1：0.5：1000的混合液，以增加花芽分化期营养，促使花朵数增多。

9. 病虫害防治

（1）病害：易患细菌性软腐病、立枯病、病毒病等。以防为主，轮作勿连作。土壤、种球进行严格消毒。最好使用脱毒苗。栽植中避免水分过多。采收、消毒等各环节都应避免对鳞茎的损伤。在贮藏时注意通风且经常检查是否有发霉现象等。

（2）虫害：易生蛴螬，栽种时穴内施铁灭克或用辛硫磷乳液2000倍灌根。易生螨虫，一旦发生可用扫螨净（溃螨灵）2000～3000倍液喷杀。

10. 采收

通常当百合花序上第一朵花蕾充分膨胀含苞待放或稍绽开时从基部剪下，进行采收，除去下部叶片并及时摘去花药，每10枝一束，将花蕾朝上，打好包装投放市场。

11. 退化与复壮

种球退化除因在生长过程中外界条件不能满足其自身生态特性外，就是植株常于花后一个多月由于气温上升，过早进入枯黄期。生长期缩短几个月，严重影响了后期的种球生长。另外，土壤和空气中的氟污染损伤叶片，光合作用大大减弱，从而影响生长。为此，在种植时尽量按其生态特性给予所需环境，选择空气环境无污染或污染轻的地区，可在高山山地较凉爽地区进行种球复壮。

（五）园林用途

是人们喜爱的鲜切花。在园林中还常与一些灌木配植，做花坛中心景色及花境背景，在林下成片栽植也可得到很好的群体效果，也常在岩石园盆栽观赏。

第四节　常见木本花卉栽培技术

一、牡丹

（一）观赏特性

落叶小灌木。株高多在 0.5 ~ 2.0m，老树可达 3.0m。枝粗壮，当年生枝光滑，花后冬季有干梢现象。叶互生，二回三出羽状复叶，顶生小叶广卵形至卵状长椭圆形，3 ~ 5 裂，基部全缘，背面有白粉，叶上面为深绿色或黄绿色，下为灰绿色，光滑或有毛。侧生小叶二浅裂，斜卵形或倒卵形。叶具长柄，一般长 8 ~ 20cm，表面有凹槽。花单生于一年生枝顶，两性，雄蕊多数，心皮 5 枚，有毛，其周围为花盘所包，花径 10 ~ 30cm，花色丰富，有红、黄、粉、白、紫、紫红、粉蓝、墨紫、复色等。有单瓣和重瓣，单瓣花有瓣 5 ~ 10 枚，花瓣倒卵形，顶端常 2 浅裂。花期 4 ~ 5 月，上海 4 月中下旬，北京 5 月初，菏泽、洛阳 4 月下旬。鹏瞧果 5 角，每一果角结籽 7 ~ 13 粒，种子近圆形，成熟种子直径 0.6 ~ 0.9cm，粒干重 0.4 ~ 0.8g。

（二）生态习性

牡丹在原产地多自然分布在海拔 1000m 左右的中低山上，是暖温带、温带地区的适生花卉。原产我国西北秦岭、陕甘盆地、巴郡山谷以及河南伏牛山地区，广泛分布于华北及华中各省，为我国传统名贵花卉，各地均有分布，主要分布在山东菏泽、河南洛阳、安徽洛阳、安徽亳县及铜陵一带。

牡丹对气候条件要求比较严格，性喜温暖、干凉、阳光充足以及通风高燥的独特气候环境。性颇耐寒，能耐 –20℃的低温，但不耐热，高温酷暑对其花芽分化和根部发育甚为不利。牡丹根长肉质，性宜燥惧湿，宜栽种在地势高燥、排水良好、土层深厚、疏松肥沃、地下水位较低的中性或微酸性（pH 为 6.5 ~ 7.5）的壤土地或沙质壤土中，平时土壤湿度以 50% 为宜。牡丹最怕水涝积水，即使短期积水也会造成严重损失。牡丹喜光，宜栽种在阳光充足处，但也不宜过于暴晒，花期稍耐半阴，有"阴阳相半、谓之养花天"之说法。由于长期自然选择的结果，便逐渐形成了"性宜寒畏热、喜燥惧湿、生于高敞向阳而性舒"以及"春发枝、夏打盹、秋生根、冬休眠"的习性。

（三）繁殖方法

繁殖方法分为有性繁殖、无性繁殖两大类。同样，牡丹亦有种子繁殖、分株繁殖、嫁接繁殖、压条繁殖、组织培养等繁殖方法。

1. 种子繁殖法

适于单瓣或半重瓣品种，主要用于选育优良新品种及培育砧木。

（1）采种时间及方法：因种子成熟有早有晚，要分批采收。在 7 月下旬至 8 月上旬，当角果呈蟹黄色时，就可以进行采收。采收后放在屋内地面上，并经常翻动，以防湿度过大发霉。采种过早不成熟，过晚种皮变黑发硬不易出苗。

（2）种子处理：可将种子放入水中浸泡 60 ~ 100min，取底部饱满颗粒作为播种用种子。有些种子种皮干而发硬，可用温水（50℃）浸种一昼夜，使种皮变软，吸水膨胀后播种。有的如皮厚，可用浓硫酸浸种 2min 或用 95% 酒精浸种 30min，然后取出用清水洗净。

（3）整地：播种前要深翻土地，同时施足底肥。每公顷可施人粪 52500 ~ 75000kg 或饼肥 300 ~ 350kg。施肥后整成高畦，高 8 ~ 15cm，宽 40 ~ 60cm，间距 25cm。整畦后如地较干燥，可从畦间灌水。

（4）播种时间及方法：8 月下旬至 9 月上旬可进行播种。牡丹种子有上胚轴休眠的特性，当年播种后常温下只发出幼根，第二年春才萌发出土。可将种子按株距 4 ~ 5cm、行距 7 ~ 10cm 点播，亦可撒播，但不宜过密。播后覆土 1 ~ 2cm。每公顷用种 450kg 左右。

（5）播后管理：如果天气干旱，可将畦间灌水，让水慢慢浸透。注意适时松土除草，结合浇水适当施肥，并注意防治病虫害，及时人工捕捉害虫或施药。如管理得当，一年即可进行移栽。种子苗需 4 ~ 5 年方可开花。

2. 分株繁殖法

适用于所有品种，是应用最广的一种繁殖方法。

（1）分株时间：牡丹分株与栽植时间以 9 月下旬至 10 月上旬为宜。我国有"春季栽牡丹，到老不开花"的说法，说明适时分植的重要性。如过早，因外界气温依然很高，促使秋发，冬季易受害，降低抗寒、抗旱能力；过晚，则根部伤口不易愈合，新根形成少，消耗大量养分，植株长势不旺，遇旱易死亡。

（2）分株方法：将 4 ~ 5 年生的牡丹从土中挖出，去掉附土，可剪去部分大根及中等根，亦可不剪，小根全部保留，要剪去所有带病黑根。置阴凉处晾晒 2 ~ 3 天，待根变软后再用利刀从其自然可分处劈开，使每一新株保留适当根系和蘖芽。4 年生植株可分 3 ~ 4 株，每株至少保留 2 ~ 3 个蘖芽。分劈后，伤口最好用硫黄粉或 1% 浓度的硫酸铜溶液消毒。

（3）栽植：在选好并整好的地里施足底肥，每公顷可栽植 15000 棵左右。栽植时，将根部自然舒展，边填土，边震动，使根与土密结并用棍捣实，深度以苗的根颈与地平或略低于地平面。栽后可将根颈上部老枝剪除或短剪。然后封土 15cm 左右，即可保证安全越冬。

3. 嫁接繁殖法

大量繁殖时较多采用，对一些发枝力弱的名贵品种较有意义，具有成本低、速度快的优点。

（1）砧木选择：砧木可选用牡丹根、牡丹实生苗或芍药根。用牡丹根做砧木繁殖的植株，前期生长慢，有利以后分株，寿命长，但牡丹根均较细，嫁接不方便，多不采用。多选用 2 ~ 3 年生、根茎粗壮的凤丹实生苗做砧木，成活率高，移栽时不必剪砧木。芍药根虽木质化弱，但操作方便，选粗 2cm 以上、长 15 ~ 20cm、须根较多的粗壮根，成活率均较高，但接穗基部发根少，寿命短。在嫁接前 2 天，稍微晾晒变软后即可进行嫁接。

（2）接穗选择：接穗选生长健壮、无病虫害的一年生粗壮萌蘖枝。接穗长 8 ~ 10cm，带有健壮的顶芽和侧芽。接穗要随剪随接，不可存放过久。

（3）嫁接时间和方法：嫁接时间以 9 ~ 10 月为宜，与牡丹、芍药分株、移栽和采根作药材同时进行。过早嫁接因温度高，易"秋发"；过晚，生根少，长势弱，成活率低。

方法：粗根多用嵌接法，细根则用劈接法。但不论采用哪种方法，都要使接穗与砧木皮部的形成层紧密结合。

①劈接法：将接穗下端削成对称的楔形，长 2 ~ 3cm，将阴软好的砧木顶端削平，从中间用嫁接刀劈开，深度 2 ~ 3cm。将削好的接穗从上而下插入砧木裂口里，使二者形成层对齐，然后用麻皮绑好，并用稀黏土将接口包住。接后即可栽植，深度以接口低于地面 3 ~ 6cm 为宜，并捣实下部土壤使砧木与土壤密结（注意不要伤接穗）。然后轻轻培土，成屋脊状，以防寒越冬。

②枝接法：用 2 ~ 3 年生的牡丹实生苗做砧木。将实生苗从根颈处 3cm 处剪去。其余方法同劈接法。接后，用稀黏土封严，培土，以防寒越冬、保墒。

③芽接法：以夏季 7 ~ 8 月为好。首先在选好的芽上、下方各 0.5cm 处横切一刀，再在芽左右各竖切一刀，剥下腋芽。用同样的方法去掉砧木上的腋芽，大小要相同，立即将接芽贴上，芽眼要对齐，随后用麻皮绑好。

枝接法、芽接法，都可以在一株上接上不同颜色的品种，提高观赏效果，成为"什样锦"。

（4）管理：翌年春，要稍微松土，以利接穗萌芽出土。当花蕾长出 1 ~ 2cm 时，为避免消耗养分，要将花蕾摘除，并适时浇水、施肥，防治病虫害。如管理得当，两年即可移栽。

4.扦插繁殖法

时间以 9 月上下旬为宜。选择从大株牡丹根际萌发的 1 ~ 3 年生、无病虫害、粗壮侧芽多的枝条作为插穗。插穗长 10 ~ 15cm，用 300 ~ 500μg/g 的乙酸速蘸处理后插入苗床，深度为插穗的 1/2 或 1/3，插后踏实土壤，并浇透水，经常保持土壤湿润。

5.压条繁殖法

压条繁殖法是利用生长在母树上的枝条埋入土中或用其他湿润的材料包裹，促使枝条的被压部分生根，生根后与母株割离而成为独立的新植株。该方法简便易行，对一些名贵稀有品种较为适用。

有低压和高压两种方法。

（1）低压法：在秋季 9 ~ 10 月，将二年生以上的枝条，从基部环剥，宽0.5 ~ 1cm，深达木质部，或刻伤深达枝条木质部，然后用湿土将整个枝条埋实压牢，并经常保持土壤湿润。

（2）高压法：亦叫空中压条，适用于一些植株高大或独干型的牡丹。在整个生长期均可进行，但以春末为好。环剥、刻伤方法同低压法，将伤口用湿润的、消过毒的纯腐殖土包好，用塑料袋包裹。经常观察，保持湿润。

6.组织培养法

植物组织培养，是指在无菌条件下，剥取植株部分活的植物组织或器官，并给以适合其生长、发育的环境条件，使之分生出新植株的一种技术。牡丹可剥取嫩芽、嫩叶及叶柄等部分来进行培养。目前，部分省、市如北京、上海、山东、洛阳等地已成功培育出生根试管苗，但因其繁殖量小，尚未投入大田生产。

二、月季

（一）观赏特性

常绿或半常绿（落叶）灌木，直立。株高 30 ~ 150cm。枝纤弱，稍开张，常有倒钩皮刺，叶柄及叶轴上亦常散生皮刺，有疏有密。亦有个别近无刺品种。叶互生，奇数羽状复叶，小叶 3 ~ 7 枚，卵圆形、椭圆形、倒卵形或阔披针形，长 2.5 ~ 6cm，边缘有锐锯齿，托叶与叶柄合生。叶面绿色有光泽，两面近无毛，有的表面具光亮腊质。叶柄和叶轴散生皮刺和短腺毛，顶生小叶有柄，侧生者近无柄。花生于枝顶，单生、数朵簇生或丛生的伞房花序。花朵直径 4 ~ 5cm，花梗长 3 ~ 6cm，近无毛。花多为重瓣，有的半重瓣，瓣数 5 ~ 80 片不等。花色有红色、粉红、白色、黄色、紫色、橙色等。苞片常羽裂，卵形，外面无毛，内面密生长柔毛，缘有腺毛。花柱离生，与雄蕊等长。花微香，花期较长，可周年开花，一般集中在 4 月下旬至 10 月。果实为由花托发育成的球形或壶形肉质蔷薇果，红黄色，顶部开裂，长 1 ~ 2cm。种子为瘦果，栗褐色。果熟期 9 ~ 11 月。

（二）生态习性

现在世界各国广泛栽培、分布，而西欧、北欧、北美及日本、澳大利亚尤多。我国原产华中、西南地区，现我国南北各地均有栽培，分布于我国华北各省及湖南、湖北、云南、贵州、四川等地。后与香水月季、突厥蔷薇、法国蔷薇等杂交，成为近代月季。

月季对环境适应性很强，对土壤要求不严，喜壤土及轻黏土，但以富含有机质、排水良好而略带酸性（pH 为 6 ~ 6.5）的土壤为好，性好肥沃。性喜阳光，对日照长短无严格要求，但过于强烈的阳光照射对花蕾发育不利。好温暖，在平均气温 22 ~ 25℃时最适宜生长，夏季高温对开花不利。因此，月季能在生长季节开花不绝。但以春秋最盛。

（三）繁殖方法

月季的繁殖有播种、分株、扦插、嫁接、压条等方法。

1. 扦插繁殖

扦插繁殖能保持品种原有的特性，可利用秋冬修剪的枝条，此时冬季杂菌与线虫危害较少。

（1）扦插时间：月季的扦插在温室内全年都可随时进行。露地扦插在春末或秋初进行最易生根。夏季扦插由于温度高，切口易感染病菌，引起插条基部腐烂。

（2）插条选择：选生长健壮、发育良好、无病虫害的枝条。在同一植株上，最好选择当年生中上部、向阳、节间较短、枝叶粗壮、芽头饱满的枝条。不宜选用即将开花的枝条和徒长枝条。将枝条剪成长 10 ~ 15cm、带有 2 ~ 3 个腋芽的插条。

（3）插条处理：插条上剪口应距上面一个侧芽 1cm 左右，剪平或斜剪，剪口可涂以蜡质，以防雨水渗入和蒸发。下剪口在节下 2 ~ 3mm，斜剪成马蹄形状，以增大受伤面积，易形成愈伤组织。为防止过度蒸腾，必须剪去下部叶片，保留上部 1 ~ 2 片叶，以利进行光合作用制造养分。扦插深度以插条的 1/3 ~ 1/2 为宜。

为提高生根率，可用 2000μg/g 的乙酸进行速蘸处理。冬季沙藏也是一种较好的处理方法。冬季结合修剪合格的枝条，剪成适当的长度，平放于室内沙箱中，上铺一层 5cm 的湿沙，再放一层插条，每根之间稍有间隔，最上层铺沙盖好，放在暗处。保持湿润，不可过湿，以手握不流水为度，待翌年春即可室外扦插。

（4）扦插基质：以排水良好，保水、持水能力强，疏松多孔隙，透气、透水性强，无病菌害虫，中性或微酸性基质为好。月季扦插可用的基质有蛭石、泥炭、珍珠岩、细沙等。基质需要经过消毒处理后方可使用，处理方法有：

①太阳暴晒水消毒：基质量大可选用此法，利用中午强光直射杀死病菌和害虫，并不断翻动，使充分消毒。

②化学药剂消毒：用化学药剂喷洒或熏蒸土壤来杀死病菌害虫，所用的化学药品有：三氯硝基甲烷、棉隆、氰土利等。

③蒸汽消毒：用高于 72℃的热气熏蒸，就可以杀死大部分的致病生物体、害虫、杂草种子。

④锅炒：用普通铁锅烧热将土放入锅中，不断翻动，可取得蒸汽消毒的效果。

（5）扦插的环境条件：温度保持在 20 ~ 25℃，对月季伤愈组织生成和发根迅速最有利。温度过高，插条易腐烂，过低，则生根慢。土壤湿度以 20% 为宜，空气湿度以 75% ~ 85% 为宜，光线以散射光照射为好，避免强光直射，并要适当遮阴。可采用夏季全光照喷雾扦插育苗，又称雾插法，在白天日出后不断喷雾，始终保持叶面潮湿，可提高生根率。

（6）插后管理：①保持扦插基质和扦插环境的空气湿度，尽可能提高扦插苗床的温度，可用电热线加温，避免阳光直射，给予散射光。②摘心整形：在新芽抽生长度到 15 ~ 20cm，将枝顶扭伤，促使下面侧芽抽生，侧芽抽出的新枝，在 15 ~ 20cm 时，摘心一次。从而形成分枝均匀，树形圆整的造型。③移栽：在生根后移到口径为 15 ~ 20cm 的盆中，盆底先放盆土，然后将根系均匀松散地分布在盆土上，边填土，边压实。上盆后，放到阴凉处，细致喷水直至浇透，过 2 ~ 3 周，即可进入正常管理。

2. 嫁接繁殖

首先依据亲和力原理，选择亲和力强的品种进行嫁接，以提高嫁接成活率。

（1）砧木选择：选择对栽培地区的环境条件适应能力强的品种，如抗旱、抗寒等。选择与接穗有较强的亲和力的砧木，并且根茎以上 5cm 内光滑、平整、刺少、无病虫害的一年至二年生枝条。

（2）嫁接时间：月季有芽接和枝接 2 种。温室生产切花的大规模经营，全年均可进行芽接。一般露地生产的月季芽接在生长季节进行，以晚夏季初秋为宜。枝接一般在月季的休眠期进行，多在春、冬两季，以春季最适宜。

（3）嫁接方法：①芽接：选接穗上的当年生枝条的非休眠芽或接近成熟的半休眠芽嫁接。由于取芽的形状和结合方式不同，而分许多种。如"T"字形芽接，倒"T"字形，"I"字形，环形，方块形等几种方式，最普遍应用的是"T"字形芽接。

时间在落叶之前，腋芽具有明显的外形之后进行。芽接前，选取当年生新鲜枝条为接穗，立即除去叶片，留有叶柄，自接穗上切取盾形芽片，宽 1cm，长 2～3cm，芽在芽片的正中略偏上。在砧木靠近地面 5cm 左右，选光滑部位切一个"T"字形切口，大小同芽片相差无几，将芽放入切口，往下插入，使芽片上部与"T"字形切口的横切口对齐。然后用塑料条将切口包严，将叶柄留在外面，以便于检查是否成活。

②枝接：凡是以枝条为接穗的嫁接方法，统称为枝接。有靠接、桥接、腹接、切接、劈接、根接等，目前最常用的是枝条切接。

选休眠期 1～2 年生成熟枝，取中上部具有饱满芽 2～3 个的长 8～10cm 的一段为接穗。将接穗先在距基部 2～3cm 处削一斜面，深达木质部，然后在基部对侧削一小斜面，约成 45℃。砧本选比接穗粗的 1～2 年生苗，在距地面 4～6cm 光滑处平截，在一侧垂直下刀，略带木质部，深达 2～3cm，将削好的接穗插入砧木切口中，使形成层对准，砧、穗的削面紧密结合，再用塑料条等捆扎好。也可在接口处涂上石蜡或泥土，以减少水分蒸发。

（4）接后管理：芽接一般 7～10 天就可以进行检查，如果叶柄一触即掉，芽片与砧木之间长出愈合组织，芽片新鲜，接芽萌动或抽梢，说明已经成活，否则应进行补接。枝接一般在 20～30 天就可检查是否成活，成活后接穗上芽新鲜饱满。芽接的树种成活后要剪砧，在春天开始生长前，将砧木自接口处上边剪平。

3.播种繁殖

繁殖砧木实生苗及繁育新品种用播种繁殖。在 9～10 月的果熟期，将果实采下，晾晒几天，然后用稍轻的碾子将果肉碾碎，用水将种子洗出，放入沙中湿藏，翌年春季播种。播种前，先整地，施足底肥，整成 1m 宽的畦。播成行距 20cm、株距 4～5cm，出苗后一年即可嫁接。

三、梅花

（一）观赏特性

落叶乔木，稀灌木状。高达 10m。树干褐色、紫色至灰褐色，有纵驳纹；小枝细长而无毛，多为绿色，叶广卵形至卵形，长 4 ~ 10cm，先端渐长尖或尾尖，边缘有细锐锯齿，基部广卵形或近圆形，嫩时两面被短柔毛，后渐脱落；叶柄长 1.0 ~ 1.5cm。花 1 ~ 2 朵，径 2 ~ 3cm，具短梗，有芳香，在冬季或早春先叶开放；萼筒宽钟状；花瓣 5 枚，呈倒卵圆形，白色至水红色；雄蕊多数，子房 1 室，偶有 2 ~ 4 室，离生。核果，球形，直径 3 ~ 4cm，黄绿色，有柔毛，核面有凹点甚多，果肉黏核，味酸，果熟期 5 ~ 7 月。

（二）生态习性

梅原产我国长江以南，四川东部和湖北西部的亚热带地区，主要分布在西南山区，如四川、湖北西部、西藏等地，黄河以北多行盆栽，并于室内越冬。

梅花性喜温暖湿润气候和光照充足的环境，颇能耐寒，冬季或早春能耐 −15℃左右的低温。但梅的耐寒性有一定限度，北方必须选择背风向阳的环境，并辅以搭棚、盖席、包扎等防寒措施方能正常安全越冬，亦可盆栽室内越冬。梅对土壤要求并不十分严格，耐瘠薄，最好选择肥沃疏松、排水良好的沙质壤土。梅花喜湿怕涝，对水分条件要求较高，要求排水良好，根区积水尤易伤根引起叶片发黄或脱落，应予及时排除，如长期干旱易引起花芽发育不良，因而遇旱应适当浇水，保持土壤湿润，促进花芽顺利成长。梅花喜好阳光，最好栽植在向阳通风处。栽植过密或荫庇，植株长势弱，枝条细长，花稀疏或不开花。梅为长寿树种，立地条件较好者，其寿命一般长达百年以上，有的达到千余年。浙江余杭超山梅园的一株唐梅，已有千余年树龄。

（三）繁殖方法

梅花的繁殖可用嫁接、扦插、压条、播种等方法，但以嫁接为主，扦插、压条次之，播种罕用。

1.嫁接繁殖

嫁接是我国繁殖梅花常用的一种方法，嫁接苗生长发育快，开花早，能保持原种的优良特性。嫁接砧木可选用桃、山桃、杏、山杏及梅的实生苗，其中桃、山桃的种子最易得到，嫁接易成活，接后生长快捷，开花繁多，因而生产上较多应用，但接后易发生病虫害，使得寿命缩短，不如杏、山杏、梅为砧木好，因而提倡用三者的种子培育 1 ~ 2 年实生苗，再作为砧木用于嫁接。

嫁接方法因地区和不同栽培目的而有差异，如北京天旱风大，多在处暑白露期间进行方块芽接，上海等江南地区多在 3 ~ 4 月早春发芽前进行腹接、切接，或在秋分前后进行腹接，而苏州、扬州则于 2 ~ 4 月或 6 ~ 8 月常用果梅老根做砧木与梅花幼树进行靠接制作梅桩。

芽接也是梅花常用的繁殖方法，多于 7 ~ 8 月进行，华北一带常在 8 月下旬至 9 月上旬进行芽接。芽接节省接穗，方法简便，适合在砧木和接穗细小的情况下采用，成活率较高，可采用"T"字形芽接法。选 1 ~ 2 年生健壮枝条中上部饱满的腋芽做接穗，在腋芽的上方约 0.5cm 处横切一刀，深达木质部，从腋芽左右各 0.5cm 处竖斜切一刀，使接芽成上宽下窄的盾形，削面要平滑，去掉里面的木质部，剪去叶片反留叶柄。在砧木苗基部距地面 5 ~ 6cm 处选一光滑的皮面，切成一个"T"字形切口，长短大小与接穗相仿。随即把芽片插入接口，使切口密结，最后用塑料条绑扎固定，将叶柄及芽露在外面。

嫁接后如遇干旱要适当浇水，多雨季节要开沟排水，多风天气要防止接芽枯萎或接枝处因刮风而断裂，并要随时剪除砧木上萌生的蘖芽及剪砧。

2. 扦插繁殖

扦插繁殖成活率很低，若要得到较高的成活率，必须选用容易生根的品种。插条选择幼龄母树当年生健壮枝条，长 10 ~ 15cm，于早春花后或秋季落叶后进行扦插。基质选用沙壤土。扦插深度以插条的 1/3 ~ 1/2 为度，株行距 10cm×20cm。插后先浇一次透水，以后浇水不必过多，床土过湿易招致插条腐烂，适当喷雾增湿有利于插条生根成活。春插者越夏期间须搭荫棚，一般成活率 30% ~ 80%，宫粉、绿萼、骨里红等易生根品种常用扦插繁殖。

3. 压条繁殖

梅的繁殖量不大时可使用压条法。早春 2 ~ 3 月选生长苗壮的 1 ~ 3 年生长枝，在母树旁挖一条沟，在枝条弯曲处下方将枝条刻伤或环剥（宽 0.5 ~ 1cm，深达木质部），压入沟中，然后覆土，待生根后逐渐剪离母树。亦可用高压法繁殖大苗，在梅雨季节，从母树上选取适当枝条刻伤或环剥，然后用塑料袋包混合土，两头绑紧，保持湿度，过一个月后检查是否生根，生根后要从切口下剪离移栽培养。

4. 播种繁殖

播种以秋播为好，如需春播则应在秋季用沙层积种子，早春取出条播。果实6~7月变色时采收，摊放室内，使充分后熟，洗出种子晾干备用。梅花的播种实生苗由于生育速度慢，进入开花期迟，且后代种性变异大，用于繁殖砧木或选育新品种用。

（四）栽培管理

梅花栽培分为露地栽培、盆栽、切花栽培和桩景栽培。

1. 露地栽培

依据梅花生态习性，露地栽植亦选择土质疏松、排水良好、通风向阳的高燥地，成活后一般天气不旱不必浇水。每年施肥3次，入冬时施基肥，以提高越冬防寒能力及备足第二年生长所需养分，花前施速效性催花肥，新梢停止生长后施速效性花芽肥，以促进花芽分化，每次施肥都要结合浇水进行。冬季北方应采取适当措施进行防寒。露地栽培尤应注意修剪整形，合理地整枝修剪有利于控制株型，改善树冠内部光照条件，促进幼树提早开花。修剪以疏剪为主，最好整成美观自然的开心形，截枝时以轻剪，略微剪去枝梢为宜，过重易导致徒长，影响翌年开花。多于初冬修剪枯枝、病枝和徒长枝，花后对全株进行适当修剪整形。此外，平时应加强管理，注意中耕、灌水、除草、防治病虫害等。

2. 盆栽

北方由于冬季严寒。露地栽培难以越冬，多做盆栽，适宜在冷温室中越冬生长。

繁殖成活的梅苗，露地栽培一至数年后，可在年前上盆，盆土宜疏松、肥沃、排水良好，盆底施足基肥。盆栽梅花对水分比较敏感，要求也比较严格，盆土过湿轻则根系发育不良，叶黄而落，重则伤根毁树；过干则短枝少，新梢伸长慢，易落叶，花芽发育不良。因此，盆栽梅花浇水应干浇湿停、见干见湿、不干不浇、浇则浇透，雨天要避免盆土内积水。在新梢生长期应避免因浇水过多而抽枝过长，初夏花芽分化前，适当控水，以利于形成花芽和着生花蕾，夏季应正常浇水，此时水分不足易落叶和影响花芽形成，秋季落叶后减少浇水次数，保持土壤不干不湿，以利于枝条充实，冬末初春适当增加浇水，便可收到花繁满枝的效果。

盆栽梅花因已施足底肥，且不喜欢大肥，当新梢长到约5cm时，可施一次薄饼肥水，促使枝条生长健壮。花后展叶时，肥水要充足，以4～5周施一次稀薄液肥。待枝条长到20cm时控制施肥。为促使花芽分化，夏末秋初施追肥。每次施肥后都应当浇水。

盆栽梅花应放在通风向阳处养护，过密或环境荫庇，使植株高而细弱，冬季多晒太阳则花芽饱满粗壮，花色艳丽，姿态美观。若控制树形，促使幼树提早开花，需适时修剪整形。梅花的花芽是在一年生的新生长枝上形成的，一般当幼苗长至25～30cm时，剪去顶端，萌芽后留顶端3～5个枝条做主枝，当枝条长到20cm左右时，摘心，以利花芽饱满。翌年，花后留基部2～3个芽重剪，剪时应注意剪口芽的方向，选准外向芽，内向芽。发芽后剪除交叉枝、过密枝、重叠枝。盆栽梅花因直则无姿、正则无景、密则无态，应按"疏、献、曲"而又不矫揉造作的原则进行修剪。

盆栽梅花应每隔1～2年在早春花后修剪完毕进行换盆、换土。

如要使盆栽梅花春节开花，就需在冬季落叶后放入室外自然休眠，元旦以后移入温室向阳处，室温保持8～12℃，每天向枝端洒水，并保持盆土湿润，使花蕾现色后，增温到15～20℃，则春节即可开花。如要使其在"五一"开花，整个冬季需放在稍高于0℃的冷室内不见直射光，盆土保持相对干旱，直到4月上旬再逐步移到室外。

3. 切花栽培

以生产切花为目的者，多在露地成片栽植，株行距要小（3m×3m），主干留低（约30cm），并适当重剪，多施肥，以促进生长大量枝条，使树体成灌木状，每年都要对当年生枝条短剪，供插瓶及其他装饰用。落叶后要施足肥料，以恢复树势，翌年花谢后施肥以磷肥为主。适合切花栽培的品种主要为宫粉型，玉碟型、绿尊型为次。

4. 桩景栽培

可以露地栽培，也可以盆栽，生长比较脆弱，水分管理要适当，切忌过湿，以免渍水烂根，导致桩头枯萎死亡，常给叶面和干枝洒水，对衰老桩景有养叶护根的作用。桩景栽培梅花需要进行重剪，使形成矮小树体，细枝可用棕丝蟠扎，粗枝需刀刻、斧劈、火烤弯曲造型。用老果梅做砧木嫁接，可适当多靠接几枝，然后进行造型，经过数年艺术加工和细心培养，桩景即可成功。

第五节 无土栽培

一、无土育苗

（一）基质的选择

无土育苗所需要的基质必须具备下列条件：

（1）给种子创造一个保温、保水、透水、透气的环境，以利种子发育。

（2）不含有毒物质。

（3）保证幼苗移栽时不散坨，以保证植株移栽成活。

因为不同的基质具有不同的优缺点，如蛭石易散团，珍珠岩含氯化钠，均影响幼苗生长，所以最好是按一定比例配制混合基质。如 2 份草炭和 1 份蛭石混合，比草炭和珍珠岩混合效果要好得多。岩棉保水、透气，是较好的育苗和扦插材料，如果再用蛭石覆盖，则更有利于种子发育。

（二）播种

种子的消毒、浸种、催芽、播种方式与土耕播种相似。但无土育苗时，是在室内用育苗箱或育苗钵进行播种。育苗钵往往与育苗床或栽培床相配套。播种后育苗钵放于液深 1.5 ～ 2cm 的育苗床中，在浸液状态下育苗。

岩棉育苗，育苗钵是 10cm×10cm×5cm 的岩棉内芯。

（三）移栽

在育苗箱中播种的，出苗后，将小苗移栽到岩棉上。移栽前，在岩棉上扎一小孔，将幼苗根放入，浇水。10~15天后，再浇以稀营养液，以后再逐渐增加营养液浓度。

播种在育苗钵里的，将小苗从育苗钵中倒出，移入定植钵内，或直接将育苗钵移入嵌板内。

用岩棉育的苗，连同内芯一起嵌入岩棉钵中，再整个放入栽培床的嵌板上。或将刚发芽的小苗直接移入岩棉钵中央的岩棉芯中。然后将岩棉钵按一定规格摆放在岩棉床上。

二、无土栽培设施

（一）花卉无土栽培的必备条件

无论是土耕还是无土栽培，要使花卉生长得好，必须满足以下条件：优良的种子；强健的幼苗；花卉生长所必需的光、热、水、气、肥、pH等条件；有支撑物固定；根系部分保持黑暗。

无土栽培设施必须尽可能地提供给花卉良好的生长环境。

（二）花卉大规模栽培设施

由于从原始的无土栽培出现到现代无土栽培的发展，大都以蔬菜为主要研究对象，而且蔬菜适于大规模生产，在无土栽培中效果显著，所以长期以来，世界上一些无土栽培技术、设备大都以蔬菜为栽培对象。如果用以蔬菜为栽培对象的无土栽培设施栽培花卉，必须考虑花卉的生长不受设施的影响。例如，木本花卉、肉质根花卉、球茎花卉，必须考虑其地下部分的生长和繁殖情况。可以对现有设施加以改造，将容纳植株地下部分的设施加深、加宽；或在小苗时使用，长到一定程度后再移入地下或花盆中。

下面介绍几种适合花卉大规模生产的设备装置。

1.NFT式薄膜水耕法

是1973年美国人库柏发明，以后经过了别人的不断完善，栽培床简单、省工、省力、投资少，是各种不同水耕方式中最基本的设施，适用于各种蔬菜和部分花卉。

（1）简易NFT式水耕装置：每一栽培床用一张塑料薄膜将花根部包裹，按

1/80 ~ 1/100 的坡度铺设于地面。营养液由高端间隙灌入，缓慢流进低端的贮液池内，用水泵将营养液循环起来。每个栽培床宽度为 30 ~ 50cm，长度视场地面定。床间留 30 ~ 50cm 的走道。一般以 8 ~ 10 个栽培床并列组合，共用同一体液系统。本装置用于一些须根发达的花卉育苗，也可用来假植。

（2）果菜用 NFT 式装置：栽培床成"非"字形排列，外高内低（坡度为1/60 ~ 1/180），各栽培床的营养液流入中央的集液沟，再汇集于贮液池中。

栽培床的材料可用钢、塑料或水泥制成，可采用波纹板、角板等形式，并按一定株行距开设定植孔。育苗、提供鲜切花可用塑料槽；绿化苗可用水泥栽培槽。钢材价格高，一般不用。

（3）NFT 装置的主要设备：NFT 水耕需要的设备有栽培槽、水泵、供液管、吸水材料、营养液池、盐度控制仪、pH 控制仪、酸液罐、温度控制仪、加温装置、加氧装置、热水控制阀等。

对于大规模的 NFT 系统，还要有预防停电或机械故障造成的营养液停止循环流动的安全装置。为防止营养液的腐蚀，栽培槽、供液管等有营养液经过的设备最好用无毒的塑料制品制成。

2.M 式水耕法

M 式水耕的特点是装有特定的空气混入管，除升温外，还有降温（冷气）、地下水引进装置，隔热（或保温）性材料。

3. 岩棉培

岩棉培分为三种类型：营养液循环供液栽培法、营养液滴灌供液栽培法、渗液法。

（1）营养液循环供液栽培法：岩棉栽培是从岩棉播种育苗开始，小苗连同育苗钵按花卉或植株根系大小及冠幅大小定植在岩棉板上。岩棉板一般长 90cm、宽 30cm，厚 7.5 ~ 10cm。底及壁用 0.1mm 厚的塑料膜衬垫。岩棉钵用尼龙布包裹，防止根系穿透。栽培床垄为 150 ~ 180cm，可并行放几块岩棉床，共用一个贮液罐。贮液罐放在栽培床一端，由供液管伸向各岩棉床喷洒供液。出液孔间隙为 40 ~ 60cm。

营养液通过岩棉板，一部分被植株吸收，另一部分蒸发，还有一部分渗入岩棉板下，由板下安装的排液管（40mm）汇入集液槽中，可再利用。栽培床略倾斜，坡度为 1/200。营养液供应量、浓度、pH 调节均有自动装置。

（2）营养液滴灌供液栽培法：滴灌供液栽培法有2种方式：一是按照当日滴灌量正好供植株吸收和蒸发供液，在栽培床下不必安装排液管和集液罐；二是底部双面倾斜于中央，设排液管，但不回收。

（3）渗液法：这种方法比较简单。在栽培床上保持一定深度的营养液，将岩棉板底部浸泡于营养液中，通过岩棉的渗透，使营养液供上部的植株生长利用。

4. 鲁SC-1型无土多层栽培

这种方法是由山东农业大学园艺系蔬菜栽培教研室邢禹贤教授等人结合我国国情研制成功的一种立体无土栽培形式。它可以最大限度地提高空间利用率，提高花卉产量，也可以用于立体绿化。

栽培槽由0.1mm厚的黑铁皮或玻璃钢制成。槽体宽与高均为20cm，长2～2.6m，剖面呈三角形，内外涂漆防锈。槽两端各留10cm空档，一端为进液口；一端为排液口，设"n"形虹吸管。槽内填入10cm蛭石，或其他保水、保湿、透气性强的基质或混合基质，由棕皮托住，其下有10cm空间，供液流动。

栽培槽呈南北吊挂三层，以利光照。层间相隔80～100cm，行距1.8cm。电泵供液，由管道送入上层槽的进水口，槽满后由另一端排至中层，中层槽满后再流至下层，最后流入贮液池。贮液池可由水泥砌成，设于地下。

这种设备不适于高大的木本花卉，根系太大，且不易固定，适合育苗、鲜切花生产及室外立体绿化。因用电泵供液，有噪声，不适于室内绿化。

三、对一些无土栽培设施的改造

有一些适合蔬菜无土栽培的设施不适合花卉无土栽培，不能直接搬来用，必须进行必要的改造。

如岩棉果菜栽培床，经过改造可以用于室外绿化。无土栽培改造方法是：将栽培床建于绿化区。根据绿化面积来决定栽培床的大小。将绿化地面平整后，挖深25～30cm，底部铺一层红砖，周围用砖砌成一个大槽。然后用70号水泥砂浆（最好加防水粉）抹成一个水泥槽，再用几行侧立的砖将水泥砂浆槽分成几个20～25cm宽的水槽，砖高为15～20cm，每小槽一端安装两个进液管，另一端安装一个回水口。槽底铺黑塑料薄膜防止营养液渗漏，然后填满基质。如果从育苗开始，床面安有定植孔的聚酯泡沫板。如直接移植根系较大的成株植物，可不用聚酯泡沫板，而直接将植株栽入基质中，并用塑料薄膜将基质盖住，防止雨水冲刷和蒸发量太大。

如果小面积种植，可直接在平整好的地面上下挖 15cm 深的土槽。拍实泥土后，在槽内装 5cm 厚的稻壳做隔热层，减少地温太低对槽内营养液温度的影响。再盖塑料薄膜防止渗漏，然后填满基质。在槽上端安装进液管或塑料滴管，末端修一行排液沟，用于集中残液。

在平整地的地面（向排液口处倾斜，坡度 1/200），用砖铺装地面，周围用砖围成一个槽，槽高 20cm，然后用 70 号水泥砂浆加防水粉抹成一个水泥槽。在槽内放一块不漏液的聚乙烯膜，填满基质，按株行距安放几条滴灌带，出液端留出水口，连接总回液管，将多余的营养液回流到集液槽内。最后在整个栽培床上覆盖一层塑料薄膜，这样既保温又保湿，且防雨淋。

如用混凝土做栽培床，床壁厚度为 6cm，底中部设宽 12cm、深 10 ~ 15cm 的排水沟，坡度为 1/150 ~ 1/200，以利排水。还有一种用塑料铺垫做栽培床，用木板或其他材料做框，用较厚的塑料薄膜铺垫底部。无论纵向、横向都有一定坡度，以利排水。

以上 2 种栽培床均要按绿地或栽培场地大小横向拓宽。槽深在 30 ~ 55cm 之间。

绿化时，无土栽培比较高大的花灌木和乔木比较麻烦，可用土栽法提前种植适当位置，在其外围用砖砌一个直径为 100 ~ 150cm 的种植槽，然后在槽外整地建无土栽培床，栽植其他花木。

以上介绍的 2 种栽培床改造，均用循环液流方式。在北方，冬季上冻后，为防止营养液冻结，冻坏设备，且花草树木大多处于休眠状态，不需大量水肥，可停止营养液供应。

四、一般花卉无土栽培技术

（一）无土栽培设备的选择、安装

须根的一、二年生花卉和宿根花卉可以选择任何蔬菜无土栽培设施，这是因为无土栽培的蔬菜大多为须根，根短且根毛多。虽然栽植钵窄小，当循环营养液流经过时，却不影响根系从营养液中吸收足够的养分供植株生长发育。

直根花卉无土栽培，应加宽、加深栽植钵（或栽培槽），使根系生长不致受限。

肉质根花卉，像兰花、君子兰、鹤望兰等根多而粗壮；球根花卉，像郁金香、百合、唐菖蒲等，球根的生长和繁殖，都不适合用窄小的栽植钵，最好采用基质滴灌装置，并增加栽培槽的宽度和深度。

无土栽培设施的安装参照本章第五节中花卉无土栽培设施部分及对一些无土栽培设施的改造部分。

（二）基质的选择

1.基质的选择必须满足的条件

（1）能支撑、固定植物。

（2）能为植物根系创造一个良好的水、肥、气供应环境。这就需要有一定的容重，透水、透气且保水，有一定的缓冲性，化学性质稳定，无污染。

2.考虑植物的习性

喜湿的花卉，应选择保水性好的基质，另外，掺和部分透水、透气性好的基质。喜干的花卉则选择透水性好的基质，掺和一部分保水性好的基质，或盆表面覆盖一层保水性好的基质。

3.考虑植物的根系

须根花卉根细、根毛多，应选择粒径为 2 ～ 5mm 的基质，使尽可能多的根毛与基质接触，吸收更多的水和养分。

对于肉质根花卉、球根花卉，根部呼吸强度大，如氧气供应不足，容易引起腐烂，所以应选择粒径大一些的基质，增加粒间空隙，增加透气性。

4.考虑经济效益

为节省运费、减少成本，最好选择来源容易、价格便宜的基质。

（三）营养液的选择及配制

如果做营养液配方实验，并有实验条件的话，参照本章第三节中营养液配方的确定部分，可配制不同花卉在不同基质、不同生长时期、不同环境条件下的营养液配方。

在生产实践中，对营养液的选择比较粗放，可选择已有的营养液配方。不少花卉，像金橘、龟背竹、兰花、菊花等花卉的无土栽培营养液配方在不少资料中均能查到。但应注意，有些配方是不可取的，比如有的配方用尿素来提供所有的氮素就不恰当。因为营养液中没有微生物，阻碍了氮的转化，所以营养液中一般不用酰铵态氮。但植物对尿素有一定程度的吸收，温暖季节可与硝态氮和铵态氮配合使用，但不能全部使用尿素；低温季节少用或不用。再如，有的配方使用大量微溶性的过磷酸钙也不妥，过磷酸钙可混合在基质中做长效肥料，配制营养液时，最好用可溶性的钙盐和磷酸盐来提供钙素和磷素。

另外，选择一些比较通用的配方，像霍格兰氏液、格拉维斯液等。但根据不同花卉，不同生长时期，可以对这些通用配方进行适当调整。一般观花、观果花卉，特别是在开花结果前，应适当增加磷钾肥。幼苗期，营养液浓度应小一点，氮肥多一些，随着小苗长大，营养液浓度逐渐增大至标准液，并减少氮肥，适当增加磷钾肥。

（四）花卉栽植

花卉无土栽培可以与播种育苗、扦插育苗、组培相结合，也可与土栽结合。

1. 与播种育苗结合

可速生高产，提高设备利用率，并提供健壮、整齐、无病虫害的秧苗。方法参照本章第五节中无土育苗部分。

2. 与扦插育苗结合

待扦插生出新根后移入栽培床。

3. 与组培结合

组培苗生长快且健壮，开花早，花期长，抗病虫，抗倒伏，节省肥料，不带病菌。由于组培苗在培养瓶中处于一种高温（空气湿度为 80% ~ 90%）、无菌的环境条件下，当把它移栽到栽培床上之前，必须经过一段时间的炼苗，待组培苗逐渐适应外界环境条件之后，再移栽到栽培床上。

4. 与土栽结合

可以将土栽花卉洗净根部泥土，但要注意尽量不伤害新根，然后放在阴凉处干燥 20 ~ 30 分钟，栽入基质中，让根部尽量自由展开，并少浇水，保持基质湿润即可，但需多向叶面喷水，并注意遮阴。10 ~ 15 分钟之后，再浇以淡营养液，以后逐渐增加营养液浓度至标准营养液。此法多用于花卉小苗，有的成株如处理不当，易造成死亡。

（五）栽培管理

无土栽培设施只能调节作物根际环境，只有同温室大棚等保护设施配合，才能使作物地上部同地下部一样处于良好的水、肥、气、光、温、生物等环境条件下，才能促进作物的良好生长，并实现反季节栽培和周年生产。根际环境同地上环境有互补性。

我国目前常用的无土栽培环境保护设施有玻璃温室、塑料大棚、日光温室、防雨棚和遮阴网覆盖等。

玻璃温室透光性好，空气湿度低，内设温度、相对湿度、通气、灌溉、肥料施入、CO_2发生器和双重幕开闭等自动控制设备，使作物生长环境达到理想状态。在日常管理中，应根据花卉生长要求冬保暖，夏遮阴、通风。

日光温室非常适用于北方农家。它在采光性、保暖性、低能耗和实用性等方面有明显的优异之处，且投资少、效益高。

塑料大棚易于吸尘，透光性弱，温度高，湿度大，应经常开窗通气，适于喜阴湿的花卉。

防雨棚和遮阳网装置可以抵御暴雨、台风、强光烈日、高温及病虫对花卉的危害，多用于夏季管理。

采用这些保护设施，并合理利用，就能起到很好的管理效果。根际环境的调控主要是根际温度的调控，主要通过营养液加温或降温和地面覆盖等措施来调节。一般无土栽培设施中都有营养液加温和降温设备。

根部的通气情况，点滴式基质栽培主要靠基质的通气状况；循环式水耕栽培主要靠营养液中氧气的溶解情况，营养液的温度和氧气调节参照本章第三节中营养液浓度、温度调节及加氧措施部分。

（六）病虫害防治

无土栽培病虫害很轻，主要防治的是非侵染性病害。由于植物的吸收，基质的作用，营养液中某些元素的沉淀、流失均易引起营养液浓度、pH的变化，加之无土栽培缓冲能力低，或配方不适用，均易引起缺素症和中毒症。其症状参照本章第二节中各种营养元素的生理作用部分。防治措施是在配方中适当增加和减少该元素的含量，及时治疗，恢复也快。

五、居室花卉无土栽培方法

居室花卉主要是指在卧室、门厅、阳台、书房、回廊、亭榭、楼堂馆所等地栽植的花卉。由于这些地方的光照、温度、空气、湿度等小气候因素与露地、温室、大棚不同，所以在栽培技术方法上有特殊要求。

例如，在室内，光线较室外弱，应选一些耐阴花卉，如文竹、吊钟海棠、一叶兰、兰花、龟背竹、杜鹃、万年青、南天竹、棕竹、蕨类植物等。为使花长得好，要经常开窗通风；常向地面、空中、叶面喷水，增加空气湿度；并常把花搬到阳台上去见见直射光。

阳台上光线足、通风好，但太干燥，需适当遮阴，并经常洒水。可种一些金银花、牵牛花、茑萝等攀缘花卉遮阴，且美化环境。南面阳台可种些喜光花卉，如扶桑、月季、叶子花、米兰、茉莉、石榴、金橘、菊花、夜来香、多浆植物等。东、西向阳台可种兰花、四季海棠、南天竹、含笑、万年青、杜鹃、茶花、天冬草、栀子、苏铁、吊兰、文竹、棕榈及藤本类耐阴花卉。北边阳台和低层阳台可种些喜阴花卉，如龟背竹、君子兰、虎耳兰、含笑、玉簪、万年青等。

有了好花，不一定就给居室带来优雅清新的环境，土栽造成的脏水臭气、蚊蝇、病菌、害虫，以及杀虫杀菌农药带来的空气污染无法避免。而花卉无土栽培恰好避免了这一切，它不仅清洁卫生，而且花卉观赏价值高，满足人们精神生活、物质生活的需求，与高雅的居室协调一致。

（一）一般花盆的利用

一般的花盆，无论是瓦盆、瓷盆，还是塑料盆，均不适宜直接用于无土栽培。因为营养液浇入后，易从盆底孔流出，浪费一部分营养元素；基质吸附一部分；另外，为保持基质湿润，满足花卉根部对水分的要求，必须经常浇水，极易把营养元素冲到盆底，随水流失。

可在一般花盆的下面套一个无底孔的塑料盆，装入营养液，没及上部花盆底部 1.5cm 左右，通过底部基质的渗透将营养液吸附到上部基质，供花卉吸收。这种方法适于根系浅的花卉。如果根长至盆底，则可能会引起根部浸在营养液中氧气不足而烂掉。

最理想的办法是营养液面与上面花盆底部之间留有 1cm 左右的空气层，用数条岩棉条，一端伸入上部花盆基质中，另一端浸入营养液中，通过岩棉条将营养液吸入基质中。无论根长根短都适用。

（二）无土栽培专用花盆

我国目前已有许多厂家生产无土栽培专用花盆。结构大体有两种：一种分内外两层，内层作用是装固定植株的基质，底部（或四壁）有网状孔，以利植株根系自由生长，并透水、透气。外层作用是装营养液，营养液面与内层底部之间留有一段空气层，用岩棉条将营养液吸入内层基质中。岩棉吸水性好，不吸附营养元素，且不会腐烂变臭，是最好的材料。外层可以做成各种形状，可以吊挂、壁挂、摆放，且不会渗漏，不仅美观，而且卫生。

另一种结构分上、下两层，上层深一些，盛基质，底部套在下层上，底部有网状孔，下层盛营养液，也是用岩棉条传送营养液。

（三）家庭废品利用

无土栽培可以充分利用家庭废弃的瓶瓶罐罐、碗碟盆桶，做到物尽其用。如化妆品瓶、餐洗剂瓶、易拉罐，甚至实验室里的量筒、烧杯均可以用来做简单的无土栽培装置。将瓶罐刷净，装部分营养液，插入耐湿的花卉，如彩叶草、矮牵牛、冷水花等，置于茶几、冰箱、书桌之上，清雅秀气，别有一番情趣。但为使瓶中花卉正常生长，需经常往营养液中充气，最简单的方法是搅拌、晃动、对倒、用管子吹、气泵打气等，并且每隔 7 ~ 10 天换一次营养液。

第七章　绿化景观与城市林业

第一节　城市绿化景观要素特征

一、广场

广场：是因城市功能上的要求而设置的，是供人们活动的空间，是城市居民社会生活的中心，可以进行集会、交通集散、居民游览休憩、商业服务及文化宣传等。

广场在城市的位置，建筑类型，人们的活动内容决定广场的性质，可分为纪念性广场、市政广场、休闲娱乐广场、交通集散广场四类。广场设计的原则有整体协调原则、以人为本原则，个性特色原则。同时广场设计过程中应注意的问题有：广场的情趣问题、提高广场场所吸引力，发扬广场的地方风格。重点艺术处理广场的重点建筑物入口铺砖，广场的绿化布置并突出广场视觉中心。建造多功能、立体化、个体化、多层次的舒适广场。

二、道路

道路是一种基本的城市线性开放空间，在大部分城市中占用地面积的1/4左右，具有交通空间功能和生活空间功能。

历来就有"要致富先修路"的说法，所以说道路对城市的经济发展有重要作用。大部分城市按照道路承担的交通流量将全市道路划分成不同等级，等级越高，车流量越大，步行流量越小，道路特征就越明显，街道特征越淡化。随着经济的发展，车数量的增加，交通地位上升，为了创建一个安全有秩序的城市，道路的设计尤为重要。道路空间设计要有一定的要求和原则，即便捷高效、舒适宜人、局部步行、公交优先等原则，同时设计的过程应注意道路的比例、线型、沿街建筑与界面和铺装、栽植等要素问题。

三、节点

节点：城市中的战略要点，如道路交叉口、方向变换处抑或城市结构的转折点，也可大至城市中一个区域的中心和缩影。

城市节点一般是具有开敞性的空间，拥有比较优越的视线条件和丰富的空间关系，是具有较强的公共性、聚集性最高的地方，同时节点处的建筑应该不同于旁边普通的建筑，突出这个时代的建筑水平，也可以是一些控制点，建立城市景观视线长廊，有效控制区域大的景观。所以城市节点对于整个城市的形象具有重要性作用。它可以指明城市方位和结构的具体位置，塑造城市具有代表性的、令人难以忘怀的景观。节点的设计也应该注意既要考虑聚集性也要考虑流动性，既要考虑整体性也要考虑协调性，既要考虑舒适性也要考虑生态性。

四、边缘

边缘：指不做道路或非路的线性要素，"边"常由两面的分界线，如河岸、铁路、围墙所构成。城市边缘不仅在某个时候形成"心理界标"，而且有时会形成不同的文化心理结构。对于连续性和可见性来说，人们有一种安全心理高度，比如当墙体达到 90cm 时就是安全心理高度，有连续性没有封闭感，可见；当到达 180cm 时是完全封闭性，同时隔断地面的连续性产生封闭性。

五、标志

标志：城市中的点状要素，可大可小，是人们体验外部空间的参照物，但不能进入。通常是明确而肯定的具体对象，如山丘、高大建筑物、构筑物等。有时树木、招牌乃至建筑物细部也可视为一种标志。

地标是人们进行各种活动首先想到的聚集地点、活动中心，我认为这是极其重要的衡量标准。一个"地标"性项目应该能够满足人们商务、爱情、聚会、娱乐等各种活动需求，而不是一个与大众相割裂、仅有漂亮外观的高层地标建筑。同时地标应是一个具有个性特色和文化底蕴的特征建筑，其应成为城市的一道亮丽风景线。

第二节　绿化景观多样性与异质性

一、绿化景观多样性

生物的多样性是在物种多样性的基础上建立的。园林绿化存在许多误区，为了使配置后的植被能更快见效，就盲目地忽略了大量的优良物种，也否定了一些生长速度较慢的物种。还有就是为了尽快达到设计效果，而遗弃那些小规格的苗木，这些做法都属于不合理的配置。在自然生活环境中植物的更替是以自然选择的方式来实现的。例如，在一片以白桦为主干树种的茂密森林中，当白桦的生命走向终点时，林下的次生林植物蒙古栎将取代白桦成为这片森林的主宰。所以次生林在自然森林中是有它存在的必要性的，而今园林绿化对大树的需求，导致对自然林带的严重破坏，在大树被人为移走的同时，对次生林小树的严重破坏，在未来几十年甚至上百年都是不可恢复的。现今国家对大树的砍伐以及移植都是严厉制约的，然而由于大树移植拥有较高利益空间，仍有很多不法商贩铤而走险。在无数新建的楼盘、小区，大树仍处处可见。

不同植物具有不同的特点，植物本身并没有好坏之分，其成长的好坏主要取决于如何运用它们，以及在后期养护管理方面的技术。所以，在进行植物配置时，要尽可能地去挖掘其潜在特点，然后进行科学合理的搭配，使配置后的植物既可以丰富植物的多样性，也可以让它们发挥出地方特色。优秀的园林设计是在未来 10 年、20 年甚至 30 年都能显现好的生态景观效果。

二、绿化景观异质性

绿化景观异质性是指在一个区域里（景观或生态系统）对一个生物种类或更高级的生物组织的存在起决定作用的资源或某种性状在空间或时间上的变异程度或强度。其理论内涵是景观组分或要素如基质、廊道、动物、植物、生物量、热能、水分、空间矿质养分等在空间中的不均匀分布。当代人类活动对生态环境的影响日益扩大，对于某些地区景观的变化更是起到了控制性的作用，对生物多样性产生了很大的影响，现在景观规划设计在生物多样性保护中的意义已引起生物学家的高度重视。

绿化景观异质性可降低稀有内部物种的丰度，增加需要两个或两个以上景观要素及边缘物种和动物的丰度，因此，可增强总体物种共存的潜在能力。对景观视觉吸收来说，景观的实质承载力提供了发展及维持其原有视觉特性，视觉穿透力和景观的复杂性程度影响这种承载力。有两种景观的吸收能力的主要因素分别为视觉穿透力之程度和景观的复杂性。视觉穿透力（即你可于一处观看景观中的远景）受植被和地形影响。穿透力越高，景观之视觉吸收发展力及维持其原有视觉特性之能力越低。同样，景观中视觉复杂性越高，视觉吸收力越大。视觉品质即视觉的重要性，给予景观一个以文化价值与景观本体物质性的判决。

第三节　城市林业概论

一、概念

狭义的城市林业概念是：城市林业是林业的一个专门分支，它研究栽培和管理那些对城市生态和经济具有实际和潜在效益的树木及有关植物，其任务是综合设计和管理城市树木及有关植物以及培训市民等。

广义的城市林业的概念是：城市林业是研究树木与城市环境（小气候、土壤、地貌、水域、动植物、居民住宅区、工业区、活动场所、街道、公路、铁路、各种污染等）之间的关系，综合设计和合理配置、栽培管理林木及其他植物，改善城市环境，繁荣城市经济，维持城市可持续发展的一门科学。

二、城市林业的范畴

一般来说，城市林业的范畴有两种划分方法。

（1）按地域及内容划分，凡是城市区域范围（即行政管辖范围）内的树木及其他植物生长的地域，以及在该地域的野生动物、必需的相关设施等都属于城市林业的范畴，包括公园、花园、动植物园街道旁的树木、住宅区等场所的绿地、近郊区的片林以及远郊区的国家森林公园和自然保护区等。譬如，美国规定行道树是城市林业的重要组成部分；美国纽约州的城市林业包括公园、街道、公路铁路、公共建筑治外法权地、河岸、住宅、商业、工业等地域内的树木和其他植物，市内及城市周围的林带、片林，以及从纽约市到达郊区宽阔的林带。

（2）按游览的时间划分，国外许多专家学者还从游览时间上给城市林业规定了范围，认为城市林业的范围是由市内出发，当日可返回的旅游胜地均在其列，美国学者认为城市林业包括乘小汽车从市内出发，当天到达，并能返回的范围内的游览地都属城市林业的范围。瑞典科学家认为城市森林范围是从市内骑自行车或滑雪出发，当天到达游览区后，于当日可返回市内的所有娱乐区域都视为城市林业的范畴，并规定从市中心外延 30km 以内的森林都属于城市森林。

三、发展方向

（一）注重整体性和系统性

在城市林业的研究和建设过程中，应注重学科发展的整体性和系统性。作为城市林业研究和发展的理论基础，生态系统论是现代生态学的标志，运用在城市林业研究中，首先要将城市当成由各种成分合理而有序构成的有机整体——城市生态系统，它在区域的生物环境中保持动态平衡，维持凝聚力。其次要把城市森林看成一个具有整体效应的城市绿地生态系统，这个系统是城市生态系统中自然系统的重要成分，是其他系统的支持系统，更是整个城市减缓环境压力、进行良性循环机制的生态保证。

（二）注重人的适宜与调控性

现代生态学的一个标志是关注人类自身与生存环境的关系，重视人类作为调控者对生态系统实施作用的机理和影响程度。城市林业是城市中人与绿地相互适宜与约束的结果，是人为调控机制的体现，它应保证城市系统中生物因子生态位配合的适宜度，满足绿地系统的生态阈值要求，以实现良好的生态维持能力，最终满足人的生理及心理需要。

（三）注重布局的合理性

长期以来，市区绿地局部往往成为刻意求作的对象，而它在整个城市林业系统中的地位及它与系统中其他绿元的关联和呼应却被轻视了，当用"人均绿地面积"或"绿地覆盖率"指标来评价整个城市的绿色风貌时也忽视了一个显见的结论：同样的绿地指标，城市一角与均衡分布所起到的景观及生态效益是截然不同的。因此，各具功能的城市内绿元呈均衡而各有重点的分布格局才能构成高质量的城市森林系统。城市是人口集中之地，生存空间有限，随着城市化进程的推进，城市中心区域的地域竞争愈演愈烈，只能采取见缝插"绿"的规划措施，而能对城市环境起调控作用，促进大气环流形成及交换，减弱城市热岛效应的成片绿地，只能向郊野尤其是向城乡接合部发展。随着郊区成片绿地区域的形成，市区内部可以有相对更多的土地，用于其他城市建设。由于森林群落是陆地所有植被类型中生物量最大、物种构成最丰富、生态综合效应最高的类型，所以高效的城市森林系统不是简单的成片扩展，而是要求将农用村野式绿地设计成为含有相当比例森林面积的近郊绿色空间。

四、发展趋势

（一）城市林业的发展必须以可持续发展理论为基本原则

可持续发展是人类社会发展史上的一场深刻革命，也是现代人类社会发展的必然选择，其中心内涵就是在对后代人需求不构成威胁的前提下，最大限度地满足当代人的需求。作为城市生态系统的重要组成部分，城市森林将在实现城市社会经济及生态环境可持续发展中发挥不可替代的作用。可以说，现代城市林业所面临的机遇和挑战都是前所未有的，其发展的目标已成为环境、经济和社会诸多目标的综合体现。城市林业的发展必须以可持续发展理论为基本原则，一切不符合可持续发展前提的城市林业建设、城市森林培育技术和生产工艺都将被淘汰。

（二）城市林业的发展必须紧紧围绕城市生态环境问题

随着社会经济的飞速发展和城市化进程的不断加快，大气污染、风沙危害、水资源短缺、水土流失等城市生态环境问题日趋突出。城市林业是城市生态系统的重要组成部分，作为城市林业的主体，城市森林、树木和绿地广泛参与城市生态系统中物质、能量的高效利用和社会、自然的协调发展，在城市生态系统发展的动态自我调节中，特别是在改善城市小气候、防止大气污染、杀菌防病、净化空气、降低噪声等方面发挥着不可替代的重要作用。可以说，城市森林在城市生态环境保护方面有着特殊的地位，因此，城市林业的发展将继续以发挥生态环境功能为其主要目标，必须紧紧围绕城市生态环境问题来开展城市林业建设和科学研究。

第四节　城市绿化与城市林业

一、城市绿化与城市林业一体化建设的意义

（一）城市绿化与城市林业一体化建设的重要性

城市绿化与城市林业一体化的建设，可以有效改善城市形象，彰显城市的地区特色，并且能够保持稳定的生态环境，推动城市绿化系统的生态化发展。对于城市中园林绿化与林业各自规划的局面，在实行一体化建设后充分结合地区特点配备相关的绿化设施，有效落实一体化建设工作，能够提高城市建设水平，有效避免城市绿化和林业绿化工作单独规划后造成的重复性问题，可以充分节约有效资源，提升城市园林以及林业一体化建设的质量。

（二）城市绿化与城市林业一体化建设的实用性

在城市的建设发展中，城市绿化工作需要配置园林植物以及相关基础设施，可以满足居民的休闲活动需求，但不能顺应城市绿化系统的可持续发展需求。单一进行城市林业建设，也需要加强防风功能，针对景区规划再做相应的配套建设就可以满足需求，但不能保障居民的休闲活动以及提升城市绿化效果。所以，通过将城市园林绿化与城市林业进行一体化建设具有非常强的实用性，并且可以实现一体化管理模式，避免传统模式下工作性质重复浪费资源的现象，进而提升城市生态化建设水平。

二、城市绿化与城市林业一体化建设的具体策略

（一）建立并健全管理体系

现阶段多数城市绿化系统由林业部门、城建部门及园林管理部门构成，在城市绿化以及林业一体化建设中需要整合并统一管理各部门，这就需要新成立的管理部门合理安置人员，制定以及完善管理制度，创新工作模式，并在制定相关规章制度时，由政府人员监管，保障各部门之间能够平和沟通与交流，在新部门间执行管理工作。同时还要注重运用科学的管理模式以及严格的制度进行一体化建设工作，从而提高城市绿化水平，保障城市能够有序地建设发展，保障为城市人民创造宜居的生态环境。在一体化建设的工作过程中，必须严格落实管理制度，对林业建设范围实施科学的规划，并深入研究植物生长特性，在保障植物健康生长的同时提升城市绿化级别，城乡结合的区域要科学规划绿色生态圈，加快成林地带以及边缘林带的建设进程，建立优质的城郊绿化联结范围。

（二）完善定位管理工作

城市绿化及林业一体化建设工作内容是进行公共绿化工作及居民活动区域的绿化建设，还包括防护林的城市林业建设。在以上方面的建设过程中，合理整合各个区域，建设统一的生态绿化系统，是发展城市绿化建设的重要特色，并且不以营利为建设目标，而是建立生态补偿机制，为居民提供优越的城市生态环境。另外，在城市园林绿化以及一体化建设过程中，要针对市民大力宣传一体化建设的重要意义，鼓励市民以积极的态度投身于宣传与建设中，提升市民的城市

绿化概念以及环保理念认识，以积极的心态对待城市绿化以及林业一体化建设工作。

第五节　未来城市林业与城市绿化的发展目标与功能定位

一、未来城市林业与城市绿化的发展目标

（一）要重视生态与可持续发展

在城市生态系统中，唯一能够以自然更新方式改造被污染环境的因素就是园林绿化，因而提高生态系统质量可谓是新时期园林的主要目的之一，应加强以生态学原理指导园林的规划设计。针对城市从自然条件到工业布局等各方面的特殊性，应布置大型生态绿化，科学地配置植物群落，使之如自然植物群落一样能够自养循环，并起到保护环境、防止污染、调节城市小气候、保持水土等作用。

（二）社会、环境、经济效益兼顾

城市林业与城市绿化的产业行为不能改变园林业的公益事业属性，这是因为园林作为人类生存环境和生活必需的空间特征，并不能全部由产业开发所替代。产业开发要求回收必须大于投入，否则将予以消项。而园林是公益事业，是城市、区域乃至整个地球的事业，需要全社会的投入。应建构一个合理的价值体系，以经济学为指导，综合城市林业与城市绿化对社会、对环境产生的直接经济效益和间接经济效益，将园林的生态价值、环境保护价值、保健休养价值、文化娱乐价值、美学价值等纳入整个社会经济大系统。

（三）要实现园林形式的多元化

城市林业与城市绿化内涵的扩大，引发了诸多方面质的变化。这些变化不仅反映在园林面积的扩大上，还表现在形式、风格以及布局上的改变。尤其园林在现代更担负了提高生态环境质量的任务，因而在建设管理上应注重满足保护及调节环境的功能需要，要求突出整体的美和大体量的美。城市林业与城市绿化作为塑造城市风貌特点的一个重要手段，在每个城市都要求有自己特征的要求下，也需要以多元化的面貌出现，为城市增色添彩。

二、未来城市林业与城市绿化的功能定位

（一）具有保护环境与资源的鲜明特征

以保护自然促使生态良性持续发展为基础，使经济发展与人口、环境、资源的承载能力相协调，是可持续发展战略的基本条件。城市环境的严重恶化，直接制约着城市的可持续发展。从城市园林绿化事业的实质及其管理部门所肩负的职能来看，城市园林绿化管理不仅是对城市中原有的自然环境部分的合理维护与提高，通过人工重建生态系统的系列措施和模拟自然的园林设计手段，未来城市林业与城市绿化更是在城市这个人工环境中对自然环境的再创造，是对园林植被（花、草、树、木）这种能够塑造自然空间的资源在城市人工环境中的合理再生、扩大积蓄和持续利用，其发展规模与建设质量直接影响到城市结构的改善，制约着城市的现在和未来。

（二）具有不可替代性

在城市园林绿化管理中，通过植物绿化创造的生态效益；通过植物景观所构成的美化城市环境和为人们提供游憩空间对提高居民生活质量的效益；创造减灾条件（如火灾）和提供避灾场所（如地震）所产生的城市安全效益；以及改善城市投资环境和促进旅游的发展所派生的多项经济效益，都是城市生态系统中除城市植被以外的其他生态因子所不能提供的，具有不可替代性。正是由于这种不可替代性，加上园林绿化管理所创造的综合效应为社会公众所共享的社会公益属性，理所当然地应赋予城市园林绿化作为一项不可缺少的重要的城市建设地位，应该成为城市各级领导和社会公众的共识。此外，城市园林绿地系统还是城市中

生物多样性保护的重要基地。通过城市园林管理修复生态系统，对于恢复和挽救生物多样性、进一步发挥城市中自然生态系统的功能具有重要意义。这对促进城市生态系统的协调，对于城市的社会、经济发展具有极其深远的意义和作用。

第八章　城市林业生态化建设
——市区内森林的设计与培育

第一节　市区内森林的规划与设计

一、市区森林可利用的土地类型

城市土地在自然土地的基础之上，经过人类长期利用改造形成了特殊的自然和社会经济属性。城市土地利用是通过土地的承载功能来利用土地的社会经济条件。市区内土地类型的这种社会经济属性就更为强烈和集中。一般来说，按照市区内通用的土地类型划分，市区森林可利用的土地类型大致可划分为住宅区、工业区、商业区、行政中心业务区、商住混合区 5 大类型。

二、市区森林类型的确定

（一）全国园林绿地分类标准体系下的市区森林类型

市区森林实质上与园林绿地是相重合的，只是城市林业所关注的是以林木为主体的生物群落及其生长的环境，园林绿地除包括上述内容之外，更为关注绿地中的园林建筑、园林小品、道路系统等。

（二）按照植物的栽植地点划分的市区森林类型

按照栽植地点划分的主要城市市区森林类型有：

（1）行道树木类型：栽植在市区内大小道路两边的树木，也有的栽植在道路的中间，如分车道中的树木草坪类型。

（2）公园绿化树木类型：是指市、区及综合性公园、动物园、植物园、体育公园、儿童公园、纪念性园林中种植的树木类型。

（3）居住区树木类型：居住区绿地是住宅用地的一部分。一般包括居住小区游园、宅旁绿地、居住区公建庭院和居住区道路绿地。

（4）商业区树木类型：是指种植于商业地带（或商业中心区）的树木类型。

（5）单位附属树木类型：单位附属树木类型是指种植于各企事业单位、机关大院内部的树木类型，如工厂、矿区、仓库、公用事业单位、学校、医院等。

（6）街头小片绿地树木类型：是指种植在沿道路、沿江、沿湖、沿城墙绿地和城市交叉路口的小游园内的树木类型。

（三）按照功能类型划分的市区森林类型

按照功能类型划分，市区森林的主要类型有：

（1）以绿化、美化环境为主要功能的行道和居住区绿化带市区森林类型。

（2）以防治污染、降低噪声为主要功能的工矿区市区森林类型。

（3）其他功能类型，包括分布在商业区、政府机构，企事业单位、学校等市区森林类型。

三、市区森林规划设计的原则

（1）服从城市发展的总体规划要求，市区森林规划设计要服从城市发展的总体规划要求，要与城市其他部分的规划设计综合考虑，全面整体安排。

（2）明确指导思想，在指导思想上要把城市森林的防护功能和环境效益放在综合功能与效应的首位。

（3）要符合城市的特定性质特征，在城市森林建设规划中，首先要明确城市的特定性质特征。

（4）要符合"适地、适树、适区"的要求，具体含义就是城市本身是由工业区、生活区、商业区、休闲娱乐区等功能区域组成的综合体。不同的区域，对市区森林功能和价值的要求是不同的。工业区是城市的主要污染区，因此，树种应选择那些抗污染能力强的树种，如夹竹桃、冬青、女贞、小叶黄杨等。

（5）配置方式力求多样化，市区森林应力求在构图、造型和色彩方面的多样化。从整体而言，力求多样化，这种多样化包括树种选择的多样化、种植方式的多样化。但多样化不等于杂乱无章，在某一具体地段上，配置方式应注意整体性和连续性。

（6）要做到短期效益和长期效益相结合，在市区森林设计中，既要考虑到短期内森林能够发挥其应有的生态、美化效益，选择一些生长迅速的乔灌木树种，又要从长远观点出发有意识地栽植一些生长较慢但后期效益较大的树种，使常绿树种与落叶树种、乔木与灌木及地被植物有机地结合成为一个统一的整体。

（7）城市公共绿地应均匀分布，城市中的街头绿地、小型公园等公共绿地应均匀分布，服务半径合理，使附近居民在较短时间内可步行到达，以满足市民文化休憩的需求。

（8）保持区域文化特色，保持城市所在地区的文化脉络，也就是保持和发展了城市环境的特色。失去文化的传承，将导致场所感和归属感的消亡，并会由此引发多种社会心理疾患。城市环境从本质上说是一种人工建造并在长期的人文文化熏陶下所产生和发展的人文文化环境，而由于地域环境的差异，以集群方式生活的人类所生活的空间必然有其特有的文化内涵，城市环境失去了所在地方的文化传统，也就失去了活力。

四、市区绿地指标的确定

市区绿地指标一般常指城市市区中平均每个居民所占的城市绿地面积，而且常指的是公园绿地人均面积。市区绿地指标是城市市区绿化水平的基本标志，它反映着一个时期的经济水平、城市环境质量及文化生活水平。

（一）市区绿地指标的主要作用

（1）可以反映城市市区绿地的质量与城市自然生态效果，是评价城市生态环境质量和居民生活福利、文化娱乐水平的一个重要指标。

（2）可以作为城市总体规划各阶段调整用地的依据，是评价规划方案经济性、合理性及科学性的重要基础数据。

（3）可以指导城市市区各类绿地规模的制订工作，如推算城市各级公园及苗圃的合理规模等，以及估算城建投资计划。

（4）可以统一全国的计算口径，为城市规划学科的定量分析、数理统计、电子计算技术应用等更先进、更严密的方法提供可比的依据，并为国家有关技术标准或规范的制定与修改提供基础数据。

（二）确定城市市区绿地指标的主要依据

根据上述城市市区绿地类型的种类和各类型的一般特点，城市市区绿地指标主要包括公园绿地人均占有量、城市市区绿地率、城市绿化覆盖率、人均公共绿地面积、城市森林覆盖率。城市建成区内绿地面积包括：城市中的公园绿地，居住区绿地和附属绿地的总和，城市建成区内绿化覆盖面积包括各类绿地的实际绿化种植覆盖面积（含被绿化种植包围的水面）、屋顶绿化覆盖面积以及零散树木的覆盖面积，乔木树冠下的灌木和草地不重复计算。

由于影响绿地面积的因素是错综复杂的，它与城市各要素之间又是相互联系、相互制约的，不能单从一个方面来观察。

（1）达到城市生态学环境保护要求的最低下限，影响城市园林绿地指标的因素有很多，但主要可以归纳为两类。一是自然因素，即保护生态环境及生态平衡方面，如二氧化碳和氧的平衡、城市气流交换及小气候的改善、防尘灭菌、吸收有害气体、防火避灾等。二是对园林绿地指标起主导作用的生态及环境保护因素。

（2）满足观光游览及文化休憩需要，确定城市园林绿地的面积，特别是公共园林绿地的面积（如公园）与城市规模、性质、用地条件、城市气候条件，绿化状况以及公园在城市的位置与作用等条件有关系。

从发展趋势来看，随着人民生活水平的提高，城市居民节假日到公园等绿地游览休息的越来越多。另外，来往的流动人口，也都要到公园去游览。因此，从游览及文化休闲方面考虑，我国提出的城市公共绿地面积近期每人平均 $3 \sim 5m^2$，远期每人平均 $7 \sim 11m^2$ 的指标，也是不高的。七大城市森林建设指标：①综合指标；②覆盖率；③森林生态网络；④森林健康；⑤公共休闲；⑥生态文化；⑦乡村绿化。

（3）城市绿地指标的计算方法。城市市区绿地的几项主要指标包括：

①公园绿地人均占有量（m^2/人）＝市区公园绿地面积（hm^2）/市区人口（万人）。

②城市市区绿地率（%）＝（城市建成区内绿地面积之和/城市市区的用地面积）×100%（城市建成区内绿地面积包括城市中的公园绿地、居住区绿地和附属绿地的总和）。

③城市绿化覆盖率（%）＝（城市建成区内全部绿化种植垂直投影面积/城市市区的用地面积）×100%。

④人均公共绿地面积（m^2/人）＝市区公共绿地面积（hm^2）/市区人口（万人）。城市森林覆盖率（%）＝（城市行政区域的森林面积/土地面积）×100%。

⑤绿化覆盖率是指乔灌木和多年生草本植物测算，但乔木树冠下重叠的灌木和草本植物不再重复计算。覆盖率是城市绿地现状效果的反映，它作为一个城市绿地指标的好处是，不仅如实地反映了绿地的数量，也可了解到绿地生态功能作用的大小，而且可以促进绿地规划者在考虑树种规划时，注意到树种选择与配置，使绿地在一定时间内达到规划的覆盖率指标——根据树种各个时期的标准树冠测算，这对于及时起到绿化的良好效果是有促进作用的。

⑥附属绿地绿化覆盖面积＝[一般庭园树平均单株树冠投影面积 × 单位用地面积平均植树数（株/hm^2）× 用地面积]＋草地面积。

⑦道路交通绿地绿化覆盖面积＝[一般行道树平均单株树冠投影面积 × 单位长度平均植树数（株/km）× 已绿化道路总长度]＋草地面积。

⑧苗圃面积＝育苗生产面积＋非生产面积（辅助生产面积）。

亦即：苗圃面积＝[每年计划生产苗木数量（株）× 平均育苗年限]×（1+20%）/单位面积产苗量（株/hm^2）。

苗圃用地面积可以根据城市绿地面积及每公顷绿地内树木的栽植密度，估算出所需的大致用苗量。然后，根据逐年的用苗计划，用以上公式计算苗圃用地面积。苗圃用地面积的需要量，应会同城市园林管理部门协作制订。

城市绿地规划应统计每平方千米建成区应有多少面积的苗圃用地（即建成区面积与苗圃面积的关系），以便在总体规划阶段进行用地分配。

据我国100多个城市苗圃用地现状分析，苗圃总用地在6.5hm^2以上，建成区约在50km^2以上的城市。目前我国城市苗圃用地显著不足，苗木质量及种类都较差，远不能满足城市园林绿地发展要求。按中华人民共和国住房和城乡建设部规定，城市绿化苗圃用地应占城市绿化用地的 2% 以上。

五、城市绿线管理规划

城市绿线管理规划是指在城市总体规划的基础上，进一步细化市区内规划绿地范围的界限。主要依据城市绿地系统规划的有关规定，在控制性详细规划阶段，完成绿线划定工作，作为现有绿地和规划绿地建设的直接依据。同时，还应对市区规划的绿地现状、公园绿地、居住区绿地、附属绿地进行核实，并在 1/2000 的地形图上标注绿地范围的坐标。这样不但强化对城市绿地的规划控制管理，而且将全市绿地全部落实在地面上，并能一目了然。

（一）城市绿线划定办法

（1）主城区现状绿地由市园林局（或绿化局）或主管部门组织划定，会同市规划员核准后，纳入城市绿线系统，其他区县（自治县、市）城市园林绿化现状绿地由区县（自治县，市）城市园林绿化行政主管部门会同区县（自治县）规划行政主管部门组织划定。划定的现状绿地，送市规划局和市园林局（或绿化局）备案。

（2）城市园林绿化行政主管部门应组织各社会单位开展对现状绿地的清理工作，划定现状绿地，各社会单位应积极开展本单位内的详细规划编制工作，划定规划绿地。

（3）规划绿线在各层次城市规划编制过程中划定，并在规划报批程序中会同城市绿地总体规划一起报批。

（4）市政府已批准的分区规划，控制性详细规划和修建性详细规划中，未划定规划绿线的，由市规划局组织划定该规划范围内所涉及的规划绿线，会同市有关部门审核后报市政府审批。

（5）编制城市规划应把规划绿线划定作为规划编制的专项，在成果中应有单独的说明、表格，图纸和文本内容，规划绿线成果应抄送城市园林绿地主管部门。

（二）城市绿线规划内容

（1）公园绿地，综合公园（全市性公园、区域性公园），社区公园（居住区公园、小区游园）、专类公园（儿童公园、动物园、植物园、历史名园、风景名胜公园、游乐公园、其他专类公园）、带状公园、街旁绿地。

（2）居住区绿地。

（3）附属绿地（公共设施绿地、工业绿地、仓储绿地、对外交通绿地、道路绿地、市政设施绿地、特殊绿地）。

（4）其他绿地（对城市生态环境质量，居民休闲、城市景观和生物多样性保护有直接影响的绿地，包括风景名胜区、水源保护区、郊野公园、森林公园、自然保护区、风景林地、城市绿化隔离带、野生动植物园、湿地、水土保持林、垃圾掩埋场恢复绿地、污水处理绿地系统等）。

（三）城市绿线规定执行

（1）划定的城市绿线应向社会公布，接受社会监督。核准后的现状绿线，由城市园林与林业绿化行政主管部门组织公布。规划绿线同批准的城市总体规划一并公布。

（2）市政府批准的绿地保护禁建区（近期、中期）和批准的古树名木保护范围，转为城市绿线控制的范围。

（3）城市园林与林业绿化行政主管部门会同城市规划行政主管部门建立绿线管理系统，强化对城市绿线的管理。

六、市区森林树种规划选择技术

在城市森林的建设中，在科学、合理的城市森林规划、布局的基础上，如何充分发挥各种森林植物在改善生态环境方面的功能效益是衡量城市森林建设成功与否的关键。这其中包括城市森林植物的选择，植物的空间配置模式的建立、城市森林的经营管理等，而城市森林树种选择与应用是建立科学合理的森林植物群落和森林生态系统的基础和前提条件，特别是对于市区这一空间环境有限、植物生长受到多种因子制约的特殊地域环境而言，选择适宜的树种，然后进行科学合理的配置，是建设可持续发展的城市森林生态系统的基础。

（一）树种选择的原则

1.适地适树

优先选择生态习性适宜城市生态环境并且抗逆性强的树种。城市环境是完全不同于自然生态系统的高度人工化的特殊生态系统，在城市中，光、热、水、土、气等环境因子均与自然环境存在极其显著的差异，因此，对于城市人工立地条件的适应性考虑是城市森林建设植物选择的首要条件。

2.优先选用乡土树种

要注意选用乡土树种，因为乡土树种对当地土壤、气候适应性强，而且苗木来源多，并体现了地方特色。同时要适当引进外来树种，以满足不同空间、不同立地条件的城市森林建设的需要，实现地带性景观特色与现代都市特色的和谐统一。

3.生态功能优先

在确保适地适树的前提下，以优化各项生态功能为首要目标，尤其是主导功能。城市森林建设是以改善城市环境为主要目的、满足城市居民身心健康需要为最终考核目标的，因此，城市森林建设的树种选择与应用的根本技术依据是最大效应地发挥城市森林的生态功能。

4.景观价值方法

实现树种观赏特性多样化，充分考虑城市总体规划目标，扩大适宜观花、观形、遮阴树种的应用范围，为完善城市森林的观赏游憩价值，最终为建成森林城市（或生态园林城市）奠定坚实基础。

5.生物多样性原理

丰富物种（或品种）资源，提高物种多样性和基因多样性。丰富物种生态型和植物生活型，乔、灌、藤、草本植物综合利用，比例合理。城市森林建设是由乔、灌、草、藤和地被植物混交构成的，在植物配置上应十分重视形态与空间的组合，使不同的植物形态、色调组织搭配疏密有致、高低错落，使层次和空间富有变化，从而强调季相变化效果。通过和谐、变化、统一等原则有机结合体现出植物群落的整体美，并发挥较高的生态效益。

6.速生树种与慢生树种相结合

速生树种生长迅速、见效快，对城市快速绿化具有重要意义，但速生树种的寿命通常比较短，容易衰老，对城市绿化的长效性带来不利的影响。慢生树种虽然生长缓慢，但寿命一般较长，叶面积较大，覆盖率较高，景观效果较好，能很好地体现城市绿化的长效性。在进行树种选择时，要有机地结合两者，取长补短，并逐步增加长寿树种、珍贵树种的比例。

（二）树种选择的方法

城市森林树种的选择方法，可归纳为两大类，即一般选择方法和数学分析方法。

1. 一般选择方法

（1）资料分析法。根据该地立地条件和所确定的植被种类，查阅有关资料和文献，把那些能适应该城市环境条件的树种记录下来，并按适应性强弱、功能大小、价值高低以及种苗、技术、成本等方面进行分析比较，逐级筛选后得出所需要的树种。

（2）调查法。该法根据调查对象的不同又可分为以下两种方法。

①对城区及周缘地区天然植被状况进行调查，调查的内容有树种、生活型、生长发育状况、生境特征、密度及盖度等。对那些有可能成为选择对象的树种，要着重调查它与环境之间的相互关系，找出适应范围和最适生境。

②城区及周缘地区人工植被调查，了解和掌握该城市曾经使用过的树种、种苗来源、培育方法、各植物种的成活情况、保存情况、生长发育情况、更新情况等，通过调查、分析和研究，明确哪些树种应该肯定、哪些树种应该否定、哪些暂时还不能做结论，然后决定取舍。

（3）定位试验法。对一些外来或某方面的特性或功能需要进一步认识的树种，可通过定位试验法加以解决。定位试验要求目的明确，试验地具有代表性，有一定面积和数量，有详细的观测内容和确切的观测时间，在树种选择中，定位试验是通过对供试树种的连续的、不间断的观测、记载，以掌握试验的全过程。定位试验所要解决的不仅是这些树种能否适应、是否有效，而更重要的是要解决这些树种为什么能适应（或不能适应）、为什么有效（或无效）的问题，是探索引种外来树种生长及适应性的规律和本质的问题，它是树种选择以及整个城市森林植被建设工作中最有效的研究方法之一。

2. 数学分析方法

数学分析方法是把系统分析与数理统计、运筹学、关联分析等结合起来，以计算机为工具，使树种选择等问题数学化、模型化、定量化和优化。这种科学方法，在城市森林培育工作中已受到普遍的重视。目前应用较多的是单目标树种的优化选择法和多目标树种的灰关联优化选择法。

（1）单目标树种的优化选择。单目标树种的优化，也就是根据有代表性的指标来选择最佳树种，其所采用的数学方法因指标性质而不同。

（2）多目标树种的灰关联优化选择。由于不同绿地的功能作用不同，因此，绿地树种选择就应该按照绿地类型的功能进行有针对性的选择。同时，由于各个树种的成活、生长、适应性、景美度、人体感觉舒适度、防风固沙性能、防污减噪和抗逆生理特性的差异非常巨大，因此，利用任何一项单因素单一指标进行评价都是不全面的。

（三）城市古树名木保护规划

1. 古树名木保护规划的意义

古树名木是一个国家或地区悠久历史文化的象征，是一笔文化遗产，具有重要的人文与科学价值。古树名木不但对研究本地区的历史文化、环境变迁、植物种类分布等非常重要，而且是一种独特的、不可替代的风景资源。因此，保护好古树名木，对于城市的历史、文化、科学研究和发展旅游事业都有重要的意义。

2. 古树名木保护规划的内容

（1）制定法规：通过充分的调查研究，以制定地方法规的形式对古树名木的所属权、保护方法、管理单位、经费来源等做出相应规定，明确古树名木管理的部门及其职责，明确古树名木保护的经费来源及基本保证金额，制定可操作性强的奖励与处罚条款，制定科学、合理的技术管理规程规范。

（2）宣传教育：通过政府文件和媒体、计算机、网络，加大对城市古树名木保护的宣传教育力度，利用各种手段提高全社会的保护意识。

（3）科学研究：包括古树名木的种群生态研究、生理与生态环境适应性研究、树龄鉴定、综合复壮技术研究、病虫害防治技术研究等方面的项目。

（4）养护管理：要在科学研究的基础上，总结经验，制定出全市古树名本养护管理工作的技术规范，使相关工作逐渐走上规范化、科学化的轨道。

（四）市区森林规划设计的程序与方法

城市森林规划设计必须建立在对城市自然环境条件和社会经济条件调查的基础之上，而设计的成果，又是城市森林施工的依据。在设计中既要善于利用以往的成功与失败的经验与教训，同时还要考虑经济上的可行性和技术上的合理性。市区自然、社会经济状况是市区森林设计与规划的主要依据，其主要内容包括：

（1）市区自然环境条件调查：①土壤调查。②市区小气候状况调查。③地形地貌调查。

（2）市区社会经济状况调查：①城市不同功能区域的分布位置、大小和状态；②不同功能区的土地利用状况；③各个区域内营造城市森林的可行性与合理性调查。

（3）市区现有林木和其他植被数量与生长状况的调查：包括市区范围所有植物种类的调查，它可以细分为：

①行道树木种类，数量、生长状况及配置状况的调查；

②公园树木种类，数量、生长状况和配制状况的调查；

③本地抗污染（烟、尘、有害气体）的树木种类、数量、生长及配置状况的调查；

④其他植被类型生长状况的调查，包括地植被花草、绿篱树种等；

⑤林木病虫害调查，包括历史上和现存的主要危害城市森林的病虫害种类、危害方式、危害程度及防治措施的调查。

（4）技术设计：在测量和调查工作完成以后，要对所有调查材料进行分析研究，最后编制出市区森林设计方案。在具体的设计开始之前，首先要进行资料的整理、统计和分析，并尽可能地测算出各种土地类型的面积、分布状况，并用表格的形式汇总在一起，最后勾绘出各个区域的分布图。

（五）城市森林规划文件编制及审批

1. 规划文件编制要求

城市绿地系统规划的文件编制工作，包括绘制规划方案图、编写规划文本和说明书，经专家论证修改后定案，汇编成册，报送市政府有关部门审批。规划的成果文件一般应包括规划文本、规划图件、规划说明书和规划附件4个部分。其中，经依法批准的规划文本与规划图件具有同等法律效力。

2. 规划文本

阐述规划成果的主要内容，应按法规条文格式编写，行文力求简洁准确，经市政府有关部门讨论审批，具有法律效应。

3. 规划图件

（1）城市区位关系图。

（2）城市概况与资源条件分析图。

（3）城市区位与自然条件综合评价图（比例尺为 1 ∶ 10000 ~ 1 ∶ 50000）。

（4）城市绿地分布现状分析图（1 ∶ 5000 ~ 1 ∶ 25000）。

（5）市域绿地系统结构分析图（1 ∶ 5000 ~ 1 ∶ 25000）。

（6）城市绿地系统规划布局总图（1 ∶ 5000 ~ 1 ∶ 25000）。

（7）城市绿地系统分类规划图（1 ∶ 2000 ~ 1 ∶ 10000）。

（8）近期绿地建设规划图（1 ∶ 5000 ~ 1 ∶ 10000）。

（9）其他需要表达的规划图（如城市绿线管理规划图、城市重点地区绿地建设规划方案等）。城市绿地系统规划图件的比例尺应与城市总体规划相应图件基本一致并标明城市绿地分类现状图和规划布局图，大城市和特大城市可分区表达。

4. 规划说明书

（1）城市概况（城市性质，区位，历史情况等有关资料）、绿地现状（包括各类绿地面积、人均占有量、绿地分布、质量及植被状况等）。

（2）绿地系统的规划原则、布局结构、规划指标、人均定额、各类绿地规划要点等。

（3）绿地系统分期建设规划、总投资估算和投资解决途径，分析绿地系统的环境与经济。

（4）城市绿化应用植物规划、古树名木保护规划，绿化育苗规划和绿地建设管理措施。

5. 规划附件

规划附件包括相关的基础资料调查报告，如城市市域范围内生物多样性调查、专题（如河流、湖泊、水系，水土保持等）、规划研究报告、分区绿地规划纲要，城市绿线规划管理控制导则、重点绿地建设项目概念性规划方案意向等示意图。

（六）规划成果审批

城市绿地系统规划成果文件的技术评审，一般须考虑以下原则。

（1）城市绿地空间布局与城市发展战略相协调，与城市生态、环保相结合。

（2）城市绿地规划指标体系合理，绿地建设项目恰当，绿地规划布局科学，绿地养护管理方便。

（3）在城市功能分区与建设用地总体布局中，要贯彻"生态优先"的规划思想，把维护居民身心健康和区域自然生态环境质量作为绿地系统的主要功能。

（4）注意绿化建设的经济与高效，力求以较少的资金投入和利用有限的土地资源改善城市生态环境。

（5）强调在保护和发展地方生物资源的前提下，开辟绿色廊道，保护城市生物多样性。

（6）依法规划与方法创新相结合，规划观念与措施要"与时俱进"，符合时代发展要求。

（7）弘扬地方历史文化特色，促进城市在自然与文化发展中形成个性和风貌。

（8）城乡结合，远、近期结合，充分利用生态绿地系统的循环，再生功能，构建平衡的城市生态系统，实现城市环境可持续发展。

城市绿线管理规划的审批程序如下：

（1）建制市（市域与中心城区）的城市绿地系统规划，由该市城市总体规划审批主管部门（通常为上一级人民政府的建设行政主管部门）参与技术评审与备案，报城市人民政府审批。

（2）建制镇的城市绿地系统规划，由上一级人民政府城市绿化行政主管部门参与技术评审并备案，报县级人民政府审批。

（3）大城市或特大城市所辖行政区的绿地系统规划，经同级人民政府审查同意后，报上一级城市绿化行政主管部门会同城市规划行政主管部门审批。

七、市区森林规划设计中必须注意的几个问题

（一）市区森林规划设计中的树种组成控制

1.进行树种组成控制的必要性

树种组成是指构成城市森林树种的成分及其所占比例。

在全球范围内还没有一个城镇的市区森林是由单一树种组成的，都是由两个以上树种形成的多树种的集合体。但是对市区范围内一条街道、一片小型街头绿地，就有可能形成单一树种或某一树种所占比例达90%以上的绝对优势状况。

树种组成控制就是人为地对市区森林树种进行调控和配置，使其从结构和功能上达到设计要求，并能充分发挥其整体效益的一种种植手段。

从理论上讲，树种组成越单一，造林就越简便，可操作性就越强，成本也就越低，同时将来的抚育管理也比较方便。但是近年来，由于树种组成过于单一，使得各种林木病虫害暴发流行，因而使得城市森林树种组成控制成为人们关注的焦点。

2.树种控制的途径和方法

（1）国内市区森林树种组成控制方法：

①通过树种规划和选择来控制树种的组成。

②通过城市森林树种配置来控制树种组成。

③通过市政林业机构的法规和条例来控制树种组成。

（2）国外市区森林树种组成控制方法：

①直接控制法有两种类型，一是对市区所有公园和其他公共区域内的城市森林的营造完全由市政林业部门来完成。这种方式完全按照林业造林设计和规划来营造和配置树种。由于在设计和规划时，已经充分注意到树种组成对将来市区森林功能的影响，因而这种控制作用是非常有效的。二是直接与私人企业或造林承包商签订合同，市政府机构控制造林作业，种什么树，怎样配置，实际上完全通过合同的形式固定下来，不得违反合同。美国的许多大城市都是这样做的。

②间接控制法，在国外，私人有购买、使用和占有土地的权利。这种私有土地的树种栽植就要受到某些影响的制约。特别是在私人住宅的庭院和行道树的栽植方面一般是由土地所有者首先进行选择，并且法律也规定这些地区造林是土地所有者的一个必须承担的责任。在这些地区城市森林树种组成的控制一般是通过

间接的方法来完成的。

其他的控制手段还包括依据法令禁止某些特定树种的种植来对私有土地森林组成加以限定。这种法令的制定是因为有些树种具有一些令人不愉快的特性。比如，杨树每年结果时形成令人讨厌的"棉絮"状种子。野生草果的果实腐烂对卫生状况的影响，等等。有时也可以通过大量提倡某些树种的栽植来间接地影响树种组成。比如，确定市树、市花等方式，有意识地增加某一种或某些树种的栽培等。

（二）市区森林设计规划中设计要素的运用

城市森林具有多种效益，如控制污染及减低噪声，也具有建筑上的效应，如柔美建筑物的僵硬线条、当作屏风遮挡不雅的景物等。在改善小气候方面，城市森林可以造成阴影及控制风速。因此，在建造城市森林时除了考虑生态原则以外，还应考虑美学与艺术的原则，在城市森林设计与规划时要考虑连续性、重复性、韵律、统一、协调、规模等设计上的问题。因此，树木的形态、大小、质地和颜色等要素都与城市森林的设计有关。

1. 形态（树型）

所有树木在正常生长状态下均有其一定的形态。城市森林设计人员应特别重视树木成熟后的树型、树的轮廓，枝与幼枝的构造及生长习性等。

2. 大小

所有的树木，在正常情况下都能生长到其可能生长的最大体积和高度。树木的大小也是城市森林设计的一项重要因子。因为在设计城市森林时，若不考虑树木的大小、结果，树木生长往往会破坏人行道，妨碍视线、造成交通的障碍，也会造成树木的体积大小与周围环境不相匹配的情况。

树木体积大小是一个非常容易被错误使用的要素。因为非专业人员选择树种时，经常是从其个人喜好或者从尽量降低管理工作量的角度出发，因而有时就非常盲目。一般地，林木大小至少要求其枝下高度高于行人的平均高度，同时能够对人行道和机动车道起到隔离作用为宜。

3. 质地

质地主要是指视觉上的质地。对于质地可用粗糙、中等和精致来判断。树木视觉质地由叶、枝条和树皮质地三部分来决定。在考虑一组树木的质地时，质地的改变可以增进观赏上的情趣。但是质地的突然改变也会造成强烈或构成优势的感觉。因此，只有在要表示强烈或优势时才可以采用这种突然改变不同树种质地的方法。

4. 色彩

色彩是第四个要素。在不同色彩的树种配合上应求和谐。从色彩配合上看，首先应考虑色彩的整体性，同时也应充分考虑色彩的渐变作用。林木的色调差异是随着树种和品种的改变而变化的。对于同一树种来讲，树木的健康状况和土壤养分条件，水分条件的变化及叶子的发育阶段等因子对色彩的影响也较大。

在正常情况下，所有的自然绿色都能与其他色调糅合在一起。当黄绿叶多时，基本色调就是黄绿色。一般蓝色、紫色、红色等在园林风景中不能构成基调颜色。但是在特定的场合下，如需要集中注意力或者某种危险的区域，色彩间的强烈反差，尤其是在事故多发地段或急转弯地区的作用就很明显。

5. 四大设计要素的综合作用

利用树木的形态、大小，质地和色彩四大要素可以在城市森林的营造过程中，创造出艺术价值较高又具有多种功能的空间立体结构。但是在城市森林设计与规划过程中，很少有人能够同时考虑到四个因素，而这四大要素确实需要在规划设计中予以综合考虑。比如，为了设计能够具有连续性和整体性，一个要素的不断重复是必需的，如色彩与形态，当色彩重复时，形态变化就不宜太大，通常至少要考虑到大小与形态的一致性。

第二节 市区内森林的施工与管理

一、市区内森林树木栽植

（一）一般树木栽植施工

1.栽植前的准备

（1）明确施工意图及施工任务：

①工程范围及任务量。

②工程的施工期限。

③工程投资及设计概（预）算。

④设计意图。

⑤了解施工地段的地上、地下情况。包括：有关部门对地上物的保留和处理要求等；地下管线特别是要了解地下各种电缆及管线情况，以免施工时造成事故；施工现场的土质情况，以确定所需客土量；施工现场的交通状况、施工现场的供水、供电等。

⑥定点放线的依据。一般以施工现场及附近水准点作定点放线的依据。

⑦工程材料来源。

⑧运输情况。

（2）编制施工组织计划：

①施工组织领导。

②施工程序及进度。

2.定点放线

定点放线即在现场测出苗木栽植位置和株行距。由于树木栽植方式各不相同，定点放线的方法分为以下3种：

（1）自然式配置乔灌木放线法：

①坐标定点法。

②仪器测放法。

③目测法。

（2）整形式（行列式）放线法。

（3）等距弧线的放线。

3. 苗木准备

苗木的选择，除了根据设计提出对规格和树形的要求外，要注意选择长势健旺、无病虫害、无机械损伤、树形端正、根系发达的苗木；而且应该是在育苗期内经过移栽，根系集中在树苑的苗木。苗木选定后，要挂牌或在根基部位画出明显标记。

起苗时间和栽植时间最好紧密配合，做到随起随栽。为了挖掘方便，起苗前1～2天可适当浇水使泥土松软，对起裸根苗来说也便于多带宿土，少伤根系。起苗时，常绿苗应当带有完整的根团土球。土球散落的苗木成活率会降低。土球的大小一般可按树木胸径的10倍左右确定。为了减少树苗水分蒸腾，提高移栽成活率，起苗后，装车前应对灌木及裸根苗根系进行粗略修剪。

4. 苗木假植

苗木运到后不能按时栽种，或是栽种后苗木有剩余的，都要进行假植。

（1）带土球的苗本假植：将苗木的树冠捆扎收缩起来，使每棵树苗都是土球挨土球，树冠靠树冠，密集地挤在一起。然后，在土球层上面盖一层壤土，填满土球间的缝隙，再对树冠均匀地洒水，使上面湿透，保持湿润。

（2）裸根苗木假植：一般采用挖沟假植，沟深40～60cm。然后将裸根苗木一棵棵紧靠呈30°斜放在沟中。使树梢朝向西边或朝向南边。苗木密集斜放好后，在根部上分层覆土，层层插实以后，应经常对枝叶喷水，保持湿润。

5. 挖种植穴

在栽苗木之前应以所定的白灰点为中心沿四周向下挖穴，种植穴的大小依土球规格及根系情况而定。带土球的穴应比土球大15～20cm，栽裸根苗的穴应保证根系充分舒展，穴的深度一般比土球高度稍深10～20cm，穴的形状一般为圆形，要保证上、下口径大小一致。

种植穴挖好后，可在穴中填些表土，如果种植土太瘠薄，就先要在穴底垫一层腐熟的有机肥，基肥上还应当铺一层壤土，厚度 5cm 以上。

6.定植

（1）定植前的修剪。对较大的落叶乔木，如杨、柳、槐等可进行强修剪，树冠可剪去 1/2 以上。花灌木及生长较慢的树木可以进行疏枝，短截去全部叶或部分叶，去除枯病枝、过密枝，对过长的枝条可剪去 1/3 ~ 1/2。修剪时要注意分枝点的高度。修剪时剪口应平而光滑，并及时涂抹防腐剂。

（2）定植方法苗木修剪后即可定植，定植的位置应符合设计要求。

（3）定植后的养护管理。栽植较大的乔木时，在定植后应支撑，以防浇水后大风吹倒苗木。树木定植后 24h 内必须浇上第一遍水，水要浇透，使泥土充分吸收水分，根系与土紧密结合，以利于根系发育。

（二）植树的季节

树木的栽植适宜季节应以树种、地区不同而各异，不同的植树要求，其所适应的季节也不尽相同。但原则上应在树木休眠期间较为适合，树木在休眠期间生理活动非常之微弱，在移植之际，虽然有损伤，尔后极易恢复。

1.春季植树

春季是植树主要和较好的季节。一般所有的树种都适宜在这个季节栽植。具体时间，各地应从土壤解冻至树木发芽之前，即 2—4 月都适于植树（南方早，北方迟）。

2.雨季植树

一般适用于常绿树，在常绿树春梢停止生长、秋梢尚未开始生长时进行，移植时必须带土球，以免损伤根部。7 月正值雨季前期或雨季。此时植树正逢温度高，虽湿度大，但蒸发量也大，因此，必须随挖苗随运苗。要尽量缩短移植时间，最好在阴天或降雨前移植，以免树木失水而干枯。

3.秋季植树

秋季植树适于适应性强、耐寒性强的落叶树，一般在树木大部分叶片已脱落至土地封冻之前，即 10 月下旬至 11 月上旬。在比较温暖的地区以秋季、初冬种植较适宜。植树因树种不同而难易有别，应根据树种特性，移植时期充分注意，以确保较高的成活率。

一般情况下同一种树木中，其树龄越小者，移植越易；同一树种中叶形越小,移植越易。落叶树较常绿树易于移植。树木的直根短、支根强、须根多者易于移植;树木的新根发生力强者易于移植。

(1)最易成活的树种:杨、柳、榆、槐、臭椿、朴、银杏、梅、桃、杏、连翘、迎春、胡枝子等。

(2)较易成活的树种:女贞、黄杨、梧桐、广玉兰、桂花、七叶树、玉兰、厚朴、樱花、木槿。

(3)较难成活的树种:华山松、白皮松、雪松、马尾松、紫杉、侧柏、圆柏、柏木、龙柏、柳杉、楠、樟、青冈、栗、山茶、木荷、鹅掌楸等。

(三)植树

1.定点放线

在植树施工前必须定点放线,以保证施工符合设计要求的主要措施。

(1)行道树定点。

(2)新开小游园、街头绿地的植树定点。

(3)庭院树、孤立树、装饰树群团组的定点、用测量仪器或皮尺定点;用木桩标出每株树的位置,木桩上标明应栽植的树种、规格和坑的规格。

2.挖苗

为了保证树木成活,提高绿化效果,一定要选用生长健壮、根系发达、树形端正、无病虫害、符合设计要求的树苗。

(1)起苗,起苗时一定要保证苗木根系完整不受损伤。为了便于操作保护树冠,挖掘前应将蓬散的树冠用草绳捆扎。裸根苗的根不得劈裂,保证切口平整。挖带土的树苗一定要保持土球完好平整,土球大小应为根径直径的3倍为好。土球底不应超过土球直径的1/3。要用蒲包、草帘等包装物将土球包严,并用草绳捆绑紧,不可使其底部漏出土来,或用草绳一圈一圈紧密扎上。

(2)扎包土球方法,扎包土球的直径在40cm以下的苗木时,如果苗木的土质坚实,可将树木搬到坑外扎包。先在坑边铺好草帘或蒲包,用人工托底将土球从坑中捧出,轻轻放在草帘或蒲包上,再用草帘或蒲包将土球包紧再用草绳把包捆紧。如果土球直径在40cm以下但土质疏松,或土球直径在50cm以上的,应在坑内打包。

扎花箍的形式分井字包和网状包两种。运输距离较近、土壤较黏重,可采用井字包形式；比较贵重的树木，运输距离较远而土壤的沙性又较大的，常用网状包。如果规格特大的树木、珍贵树等，可以用同样的方法包扎两层。

对规格小的树木（土球直径在 30cm 左右）可采用简易方法包扎，可用草绳给土球径向扎几道，再在土球中部横向扎一道，使径向草绳固定即可。对小规格的树木，也可采用把土球放在草帘或稻草上，再由底部向上翻包，然后在树干基部扎紧。

3. 运苗

树苗挖好后，要尽快把苗木运到定植点。最好做到"随挖、随运、随种植"的原则。运苗时要注意在装车和卸车过程中保护好苗木，使其不受损伤。在装卸过程中，一定要做到轻装、轻卸，不论是人工肩扛、两人抬装或是机械起吊装卸，都要注意不要造成土球破碎，根、枝断裂和树皮磨损现象出现。装车时对带土球的苗木为了使土球稳定，应在土球下面用草帘等物垫衬。

4. 假植

树苗运到栽植地点后，如果不能及时栽植，对裸根苗必须进行假植。假植时选择排水良好、湿度适宜、背风的地方开一条沟。宽 1.5 ~ 2.0m，深度按苗高的 1/3 左右，将苗木逐棵单行挨紧斜排在沟边，倾斜角度约 30° 左右，树梢向南倾斜，放一层苗木放一层土，将根部埋严。

5. 栽植

（1）挖坑。栽植坑的位置应准确，严格按规划设计要求的定点放线标记进行。坑穴的大小和深度应根据树苗的大小和土质的优劣来决定。坑壁要直上直下成桶形。不得上大下小或上小下大。否则会造成窝根或填土不实，影响栽植或成活率。坑径的大小，应比苗木的根部或土球的直径大 20 ~ 30cm 为宜。若立地条件差时，还应该更大些。还应参照苗木的干径或苗木的高度定大小。

（2）栽植。树木的栽植位置一定要符合设计要求，栽植之后，树木的高矮、直径的大小都应合理搭配。栽植的树木本身要保持上下垂直，不得倾斜。栽植行列植、行道树必须横平竖直，树干在一条线上相差不得超过半个树干，相邻树木的高矮不得超过 50cm，栽植绿篱，株行距要均匀，丰满的一面要对外，树冠的高矮和冠丛的大小要搭配均匀合理。栽植深度一般按树木原土痕相平，或略深 3 ~ 5cm。栽植带土球的苗木，应将包装物尽快拿掉。

（四）大树移植

在市区内的森林绿化中为了较快达到效果，常采用移植较大的树木。大树（胸高直径 15 ~ 20cm）移植是较快发挥绿化效果的重要手段和技术措施。

大树移植是一项非常细致的工作，树木的品种、生长习性和移植的季节不同，大树的移植方法也有所不同。移植胸径为 5 ~ 30cm 的大树多采用大木箱移植法；移植胸径为 10 ~ 15cm 的大树，多采用土球移植法；移植胸径为 10 ~ 20cm 的落叶乔木，也可采用露根移植法。

为了提高移植的成活率，在移植前应采用一系列措施进行修剪，如果是常绿阔叶树，应在挖树前两周先修剪约占 1/3 的枝叶。对常绿针叶树，剪去枯枝、病枝和少量不整齐的枝条。经修剪整理后的大树，为了便于装卸和运输，在挖掘前应对树木进行包扎。对于树冠较大而散的树木，可用草绳将树冠围拢紧。对一些常绿的松柏树，可用草绳扎缚固定。树干离地面 1m 以下部分要用草绳缠绕。

1. 挖掘

应先根据树干的种类、株行距和干径的大小确定在植株根部留土台的大小。一般按苗直径的 8 ~ 10 倍确定土台。按着比土台大 10cm 左右，画一正方形，然后沿线印外缘挖一宽 60 ~ 80cm 的沟，沟深应与土台高度相等。挖掘树木时，应随时用箱板进行校正，保证土台的上端尺寸与箱板尺寸完全符合，土台下端可比上端略小。挖掘时如遇有较大的树根，可用手锯或剪子切断。

2. 装箱

（1）上箱板：先将土台的 4 个角用蒲包片包好，再将箱板围在土台四面，用木棍箱板顶住，经过校正，使箱板上下左右都放得合适，再用钢丝绳分上、下两道绕在箱板外面，紧紧绕牢。

（2）将土台四周的箱板钉好后，要紧接着掏出土台底部的土，沿着箱板下端往下挖 30cm 深，然后用小板镐和小平铲掏挖土台下部的土。掏底土可在两侧同时进行。当土台下边能放进一块底板时就应立即上一块底板，然后再向里掏土。

（3）上底板：先将底板一端空出的铁皮钉在木箱板侧面的带板上，再在底板下面放一木墩顶紧；在底板的另一端用千斤顶将底板顶起，使之与土台紧贴，再将底板的另一端空出的铁皮钉在木箱侧面的带板上，然后撤下千斤顶，再用木墩顶好。上好一块底板之后，再向土台内掏底，仍按上述方法上其他几块底板。在挖底土时，如遇树根应用手锯锯断，锯口应留在土台内，不可使它凸起。

（4）上上板：先将土台的表土铲平一些，并形成靠近树干的中心部位稍高于四周，然后在土台上面铺一层蒲包片，即可钉上板，两箱板交接处，即土台的四角上钉铁皮，固定。

3. 装车

一般，当每株树木的重量超过两吨时，需用起吊机吊装，用大型汽车运输。吊装木箱的大树，先用钢丝绳横着将木箱捆上，把钢丝绳的两端扣放在木箱的一侧，即可用吊钩钩好钢丝绳。并在树干外包上蒲草包，捆上绳子将绳子的另一端也套在吊钩上，并同时在树干分枝点上拴一麻绳，以便吊装时人力控制方向。拴好、钩好将树缓缓吊起，由专人指挥吊车。装车时，在箱底板与木箱之间垫两块10cm×10cm的方木，长度较木箱略长。分放在钢丝绳处前后。树冠应向后，土台上口应与卡车后轴在一直线上。木箱在车厢中落实，再用两根较粗的木棍交叉或支架，放在树干下面，用以支撑树干，在树干与支架相接之处应垫上蒲草包片，以防磨伤树皮。待树完全放稳之后，用绳子将木箱与车厢捆紧。

4. 卸车

卸车与装车方法大体相同，当大树被缓缓吊起离开车厢时，应将卡车立刻开走。然后在木箱准备落地处横放1根或数根40cm的大方木，将木箱缓缓放下，使木箱上口落在方木上，然后用2根木棍顶住木箱落地的一边，再将树木吊起，立在方木上，以便栽植时穿捆钢丝绳。

5. 栽植

挖坑：栽植坑直径一般应比大树的土台宽50～60cm、深20～25cm。土质不好的应该换土，并施入腐熟的有机肥。

吊树入坑：先在树干上包好麻包或草袋，然后用钢丝绳兜住木箱底部，将树直立吊入坑中，如果树木的土台较坚硬，可在将树木移吊到土坑的上面还未完全落地时，先将木箱中间的底板拆除；如果土质松散，不能先拆除底板，一定要将木箱放稳之后，再拆除两边的底板。树入坑放稳并拆除底板后，再拆除上板，并向坑内填土。将土回填到坑的1/3高度时再拆除四周箱板，然后再继续填土，每填30cm厚的土后，应用木棍夯实，直至填满为止。

6. 栽后管理

填完土后应立即浇水，第一次要浇足、浇透，隔1周后浇第二次。每次浇水之后，待水全部透下，应中耕松土 1 次，深度为 10cm 左右。

二、花卉植物的施工与管理

（一）花卉的应用

在绿地建设中，除了乔灌木的栽植和建筑、道路及必需的构筑物外，其他如空旷地、林下、坡地等场所，都要用多种植物覆盖起来。在绿地中花卉的单株，使人们不仅能欣赏其艳丽色彩，婀娜多姿的形态和浓郁的香气，而且还可群体栽植，组成变幻无穷的图案和多种艺术造型。可布置成花坛、花境、花丛、花群及化台等多种方式，一些蔓生性草花又可用以装饰柱、廊、篱垣及棚架等。

1. 花坛

为规则的几何图案，种植各种不同色彩的观赏花卉植物构成一幅具有华丽纹样、鲜艳色彩的图案画，常布置在绿地中和街道绿化的广场上、交叉路口、分车带和建筑物两侧及周围等处，主要在规则式布置中应用。有单独或连续带状及成群组合等类型。外形多样，多采用圆形、三角形、正方形、长方形、菱形等规则的多边形等。内部花卉所组成的纹样，多采用对称的图案。有单面对称或多面对称。花坛要求经常保持鲜艳的色彩和整齐的轮廓，一般多采用一、二年生花卉。应以植株低矮、生长整齐、株丛紧密而花色艳丽（或观叶）的种类为好。花坛中心宜选用高大而整齐的花卉材料，立面布置应采用中间高、周边低或后面高、前面低的形式，利于排水，便于人们欣赏。

如果用低矮紧密而株丛较小的花卉，如五色苋类、三色革、雏菊、半支莲、矮翠菊等，适合于表现花坛平面图案的变化，可以显示出较细的花纹的为毛毡花坛。

2. 花境

为自然式的图案，常布置在周围也是自然式布局的绿化环境中，以树丛、树群、绿篱、矮墙或建筑物做背景的带状自然花卉布置，根据自然风景中林缘野生花卉自然散布生长的规律，加以艺术提炼而应用于绿地建设之中。花境的边缘，依环境的不同，可以是自然曲线，也可以采用直线，各种花卉的配植是自然斑状混交。例如，在林间小径两旁。大面积草坪边缘，中国古典园林的庭院和专类花园中，构成宛如自然生长的簇簇美丽的花园。

花境中各种各样的花卉配植应考虑到同一季节中彼此的色彩、姿态、体型及数量的调和与对比，整体构图又必须完整，还要求一年中有季相变化。

混植的花卉特别是相邻的花卉，其生长势强弱与繁衍速度应大致相似。花境中的主要花卉不仅自身具有自然美，而且具有各种花卉自然组合的群体美，其景观不是平面的几何图案，而是花卉植物群落的自然景观。

3. 花丛及花群

花丛及花群是由几株或十几株不同或相同种类的花卉组成自然式种植形式。这也是将自然风景中的野花散生于草坡的景观应用于城市绿地。可布置于自然曲线道路转折处或点缀于小型院落之中。花丛与花群大小不拘，简繁均宜，株少丛栽，丛也可连成群。一般丛群较小者组合种类不宜多。花卉的选择，高矮不限，但以茎干挺直、不易倒伏，或植株低矮、匍地而整齐、植株丰满整齐、花朵繁密者为佳。花丛的各种花卉植株的大小、配置的疏密程度也要富有变化。花丛及花群常布置于开阔草坪的周围，使林缘、树丛、树群与草坪间有一个联系和过渡的效果。

4. 花台

花台是将花卉种植于高出地面的台座上，类似花坛面，面积较小。设置于庭院中央或两侧角隅，也可与建筑相连且设于墙基、窗下或门旁。形状自然，常用假山石叠层护边。我国古典园林及民族形式的建筑庭院内，花台常布置成"盆景式"，以松、竹、梅、杜鹃、牡丹等为主。由于面积狭小，一个花台内常布置一种花卉，因台面高于地面，故应选用株形较矮、茎叶下垂于台壁的花卉。如玉簪、鸢尾、麦冬草、沿阶草等。

5. 篱垣及棚架

采用草本蔓性花卉，适用于篱棚、门楣、窗格、栏杆、小型棚架的掩蔽与点缀。多采用牵牛花等。

（二）花卉品种的选择

用于花坛、花境和立体花坛等群体栽植的花卉，应该选择花期较长、耐移栽的品种；植株直立不易倒伏；各品种的生长速度相似，这样使整个群体的图案保持整齐，轮廓线明显突出。

（三）花坛施工

花坛的种类较多。在不同的绿地环境中，往往要采用不同的花坛种类。从设计形式来看，花坛主要有盛花花坛（或叫花丛花坛）、模纹花坛（包括毛毡花坛、浮雕式花坛等）、标题式花坛（包括文字标语花坛、图徽花坛、肖像花坛等）、立体模型式花坛（包括模拟多种立体物像的花坛等）4个基本类型。在同一个花坛群中，也可以有不同类型的若干个体花坛。花坛施工包括定点放线、砌筑边缘石、填土整地、图案放样、花坛栽植等几个工序。

三、草坪地被植物的栽培与管理

草坪及地被植物是指能覆盖地面的低矮植物。它们均具有植株低矮、枝叶稠密、枝蔓匍匐、根茎发达、生长茂盛、繁殖容易等特点。草坪及地被植物，是城市绿化的重要组成部分，既能掩盖裸露的地面，防止雨水冲刷、侵蚀而保持水土，还能调节气候，如减缓太阳辐射，降低风速，吸附、滞留灰尘，减少空气的含尘量，吸收一部分噪声，等等。同时，许多草坪及地被植物叶形秀丽，在美化环境方面有较高的观赏价值。

（一）草坪种植施工

1. 播种法

一般用于结籽量大而且种子容易采集的草种。如羊茅类、多年生黑麦草、草地早熟禾、剪股颖、苔草、结缕草等都可用种子繁殖。

2. 栽植法

用植株繁殖较简单，能大量节省草源，一般 $1m^2$ 的草皮可以栽成 $5 \sim 10m^2$ 或更多一些，管理也比较方便。

3. 铺栽方法

这种方法的主要优点是形成草坪快，可在任何时候进行，且栽后管理容易，缺点是成本高，并要有丰富的草源。

（二）草坪的养护管理

（1）灌水：当年栽种的草坪及地被植物，除雨季外，在生长季节应每周浇透水 2 ~ 4 次，以水渗入地下 10 ~ 15cm 处为宜。

（2）施肥：为了保持草坪叶色嫩绿、生长繁密，必须施肥。冷季型草坪的追肥时间最好在早春和秋季，第一次在返青后，可起促进生长的作用，第二次在仲春。

（3）修剪：修剪是草坪养护的重点，通过修剪来控制草坪的高度、增加叶片密度、抑制杂草生长，使草坪平整美观。

（4）除杂草：防、除杂草的最根本方法是合理的水肥管理，促进目的草的生长势，增强与杂草的竞争能力，并通过多次修剪抑制杂草的发生。一旦发生杂草侵害，可用人工拔除。

（5）通气：改善草坪根系通气状况，有利于调节土壤水分含量，提高施肥效果。这项工作对提高草坪质量起到不可忽视的作用。

四、垂直绿化

为了加强绿化的立体效果，能够充分利用空间，可以结合棚架、栅栏、篱笆、墙面、土坡、山石等物体，栽植有蔓性攀缘的木本或草本植物，叫作垂直绿化。

通过采用垂直绿化，可以美化光秃的墙面、土坡、山石、栅栏等物体，并能充实、提高绿化质量。

（一）垂直绿化的种植形式

1. 住宅和建筑物墙面绿化

用缠绕藤本植物绿化墙面必须选用具有吸盘且有吸附能力的藤本植物，如地锦、爬山虎等。

2. 围栅、篱垣绿化

可采用缠绕藤本植物的吸盘、卷须和蔓茎缠绕布满围栅、篱垣，也可采用缠绕草本植物如牵牛、鸟萝等草本植物。

3. 棚架、花架绿化

可选择缠绕性强，通过枝蔓缠绕，逐渐布满整个棚架、花架或者树干上、灯柱上。

4. 陡坡坡地、山石绿化

陡坡坡地由于坡度大，不易种植植物，易产生冲刷，如立交桥坡面、公路、铁路两侧护坡，可采用根系庞大的藤本植物覆盖，既固土又绿化。

（二）垂直绿化施工

垂直绿化就是使用藤蔓植物在墙面、阳台、棚架等处进行绿化。

1. 墙垣绿化施工

（1）墙面绿化：常用爬附能力较强的地锦、岩爬藤、凌霄、常春藤等作为绿化材料。

（2）墙头绿化：主要用蔷薇、木香、三角花等攀缘植物和金银花、常绿油麻藤等藤本植物，搭在墙头上绿化实体围墙或空花隔墙。

2. 棚架植物施工

栽植在植物材料选择、具体栽种等方面，棚架植物的栽植应当按下述方法处理。

（1）植物材料处理：用于棚架栽种的植物材料，若是藤本植物，如紫藤、常绿油麻藤等，最好选 1 根独藤长 5m 以上的，如果是丛生状蔷薇之类的攀缘类灌木，要剪掉多数的丛生枝条，只留 1～2 根最长的茎干，以集中养分供应，使今后能够较快地生长，较快地使枝叶盖满棚架。

（2）种植槽、穴的准备：在花架边栽植藤本植物或攀缘灌木，种植穴应当确定在花架柱子的外侧。穴深 40～60cm，穴径 40～80cm，穴底应垫 1 层基肥并覆盖 1 层壤土，然后才栽种植物。

（3）栽植：花架植物的具体栽种方法与一般树木基本相同。

（4）养护管理在藤蔓枝条生长过程中，要随时抹去花架顶面以下主藤茎上的新芽，剪掉其上萌生的新枝，促使藤条长得更长，藤端分枝更多。

第三节 居住区森林绿地建设

一、居住区森林绿地规划设计

居住区森林绿地规划应与居住区总体规划紧密结合，要做到统一规划，合理组织布局，采用集中与分散，重点与一般相结合的原则，形成以中心公共森林绿化为核心，道路绿化为网络，庭院与空间绿化为基础，集点、线、面为一体的森林绿地系统。

（一）中心公共森林绿地规划设计

其功能同城市公园的功能不完全相同，因此，在规划设计上有与城市公园不同的特点。居住区公共森林绿地是最接近于居民生活环境的，主要适合于居民的休息、交往、娱乐等，有利于居民心理、生理的健康，不宜照搬或模仿城市公园的设计方法。

（1）居住区公园以绿化为主，设置树木、草坪、花卉、林间小道、庭院灯、凉亭、花架、雕塑、凳、桌、儿童游戏设施、老年人和成年人休息场地、健身场地、多功能运动场地、小卖店、服务部等主要设施，并且宜保留和利用规划或改造范围内的地形、地貌及已有的树木和绿地。

（2）小区游园较居住区公园更接近居民，面积大于 $0.4hm^2$ 为宜，其服务半径为：居民步行到达距离为 300 ~ 500m，在设计分布有足够森林绿地面积的前提下，在树冠浓荫下、灌草花木前可设置一些较为简单的游憩、文体设施。

（3）组团绿地是结合居住建筑组团布置的又一级公共绿地，是随着组团的布置方式和布局手法的变化，其大小、位置和形状均相应变化的绿地。

（二）宅旁庭院森林绿地的规划设计

宅旁森林绿地是居住区绿地中的重要组成部分，属于居住建筑用地的一部分。它包括宅前、宅后、住宅之间及建筑本身的绿化用地。其面积不计入公共绿地指标中，宅旁绿化面积比小区公共绿地面积指标大 2 ~ 3 倍，人均绿地面积可达 4 ~ 6m²。

在宅旁绿地规划设计中要遵循以下原则。

（1）以绿化为主、绿地率要求达到 95% 左右，树木花草具有较强的季节性，一年四季，不同植物有不同的季相，使宅旁绿化具有浓厚的时空特点。

（2）活动场地的布置，宅旁是儿童，特别是学龄前儿童最喜欢玩耍的地方，在绿地规划设计中必须在宅旁适当地做些铺装地面，在绿地中设置最简单的游戏场地（如砂坑等），适合儿童在此游玩。同时还应布置一些桌椅，设计高大的乔木或花架以供老年人户外休闲所用。

（3）森林植物景观的设计，宅旁绿地设计要注意庭院的尺度感，根据庭院的大小、高度、色彩、建筑风格的不同，选择适合的树种进行绿化，选择形态优美的植物来打破住宅建筑的僵硬感；选择图案新颖的铺装地面活跃庭院空间；选用一些铺地植物来遮盖地下管线的检查口；以富有个性特征的绿化景观作为组团标识等，创造出美观、舒适的宅旁绿地空间。

（4）住宅建筑的绿化，住宅建筑的绿化设置应该是多层次的立体空间绿化，应注重建筑与庭院入口处的绿化处理，建筑物窗台、阳台以及屋顶花园的处理，建筑物墙基及墙面的绿化处理，等等。

总之，居住区宅旁庭院绿化是居住区绿化中最具个性的绿化，居住区公共绿地要求统一规划、统一管理，而居住区宅旁绿地则可以由住户自己管理，不必强行推行一种模式。居民可根据对不同植物的喜好种植各类植物，以促进居民对绿地的关心和爱护，提高他们栽花种草的积极性，使其成为宅旁庭院绿化的真正"主人"。

（三）专用绿地和道路绿地规划设计

（1）专用绿地即居住区配套公共设施建筑所属绿地，作为居住区绿化的组成部分也同样具有改善小气候、美化环境、丰富居民生活等作用。其绿地规划布置首先要满足其本身的功能要求，同时还应结合周围环境的要求，满足城市居民的户外游憩需求，满足卫生和安全防护、防灾、城市景观的要求。

（2）道路绿地对居住区的通风、防风、调节气温、减少交通噪声、遮阳降尘以及美化街景等有良好的作用。作为"点""线""面"绿化系统的"线"，它还起着引导人流，疏导空间的作用。

居住区道路绿化的布置要根据道路的断面组成、走向和管线铺设的情况综合考虑。居住区道路是居住区的主要交通通道，在绿化设计时其行道树带宽一般不小于1.5m，主干高度不低于2m，要考虑到为行人遮阴且不影响车辆的通行和视线的通畅。在道路交叉口的视距三角形内，不应栽植高大乔木、灌木，以免妨碍驾驶员的视线。道路和居住建筑间还可以利用绿化防尘和减弱噪声。

二、居住区森林绿地植物配置

居住区森林绿地植物的配置直接影响到居住区的环境质量和景观效果。在进行植物品种的选择时必须结合居住区的具体情况，尽可能地发挥不同品种植物对生态、景观和使用三个方面的综合效用。

（一）选择具有生态效益的植物

从生态方面考虑，植物的选择与配置应该对人体健康无害，有助于生态环境的改善并对动植物生存和繁殖有利。这就要求了解植物有关方面的性能。

（1）选用具有改善环境功能的树种，即能防风、降噪、抗污染、吸收有毒物质、防火的树木，另外，还可选用易于管理的果树。

（2）根据居住卫生要求，选择无飞絮、无毒、无刺激性和无污染物的树种。尤其在儿童游戏场的周围，忌用带刺和有毒的树种。

（3）适当选用耐阴树种、由于居住区建筑往往占据光照条件好的位置，绿地受阻挡而处于阴影之中，应选用能耐阴的树种。

（4）竖向空间绿化的配置，可使绿地覆盖率达到最高，以乔、灌、草、藤相结合的植物配置可增强绿化效果、改善生态环境的综合实力。

（5）常绿乔灌木的适当选用，使居住区内四季空气清新，同时起到降噪防尘的作用。植物的品种多样性有利于动植物的生态平衡。

（6）在坡地之处，选择根系较为发达的森林植物，以利吸收分解土壤中的有害物质，起到净化土壤和保持水土的作用。

（二）景观植物配置原则

从景观方面考虑，植物的选择与配置应该有利于居住环境尽快形成面貌，即所谓"先绿后园"的观点。选用易于生长、易于管理、耐旱、较为耐阴的乡土树种。应该考虑各个季节、各类区域或各类空间的不同景观效果，以利于塑造居住区的整体形象特征。

1. 确定基调树种

主要用作行道树和庭荫的乔木树种的确定，要基调统一，在统一中求变化，以适合不同绿地的需求。例如，在道路绿化时，主干道以落叶乔木为主，选用花灌木、常绿树为陪衬，在交叉口、道路边配置花坛。

2. 以绿色为主色调

绿地植物应以绿色为主，但适量配置各类观花观叶植物，以起到"画龙点睛"之妙。例如，在居住区入口处和公共活动中心，种植体形优美、色彩鲜艳、季节变化强的乔灌木或少量花卉植物，可以增加居住区的可识别性。

3. 乔、灌、草、花结合

常绿与落叶、速生与慢生相结合；乔灌木、地被、草皮相结合：孤植、丛植、群植相结合。构成多层次的复合结构，使居住区的绿化疏密有致、四季有景，丰富了居住环境，获得好的景观效果。

4. 尽可能地保存原有树木及古树名木

古树名木是活文物，可以增添小区的人文景观，使居住环境更富有特色。将原有树木保存可使居住区较快达到绿化效果，还可以节省绿化费用。

5. 选用与地形相结合的植物种类

如坡地上的地被植物：水景中的荷花、浮萍，池塘边的垂柳，小径旁的桃树、李树等，创造一种极富感染力的自然美景。

第四节　城市街道绿地建设

一、城市道路绿地规划设计

城市道路绿化规划与设计的基本原则：

（1）城市道路绿化的主要功能是庇荫、滤尘、减弱噪声、改善道路沿线的环境质量和美化城市。以乔木为主，乔木、灌木、地被植物相结合的道路绿化，防护效果最佳，地面覆盖最好，景观层次丰富，能更好地发挥其功能作用。

（2）为保证道路行车安全，对道路绿化的要求如下：

①行车视线要求：其一，在道路交叉口视距三角形范围内和弯道内侧的规定范围内种植的树木不影响驾驶员的视线通透，保证行车视距；其二，在弯道外侧的树木沿边缘整齐连续栽植，预告道路线形变化，诱导驾驶员行车视线。

②行车净空要求：道路设计规定在各种道路的一定宽度和高度范围内为车辆运行的空间，树木不能进入该空间。

③统一规划：合理安排道路绿化与交通、市政等设施的空间位置，使各得其所，减少矛盾。

④适地适树：绿化要根据本地区气候、栽植地的小气候和地下环境条件选择适于在该地生长的树木，以利于树木的正常生长发育，抗御自然灾害，保持稳定的绿化成果。道路绿化为了使有限的绿地发挥最大的生态效益，进行人工植物群落配置，形成多层次植物景观，在配置过程中要符合植物种间关系以及生态习性要求。

⑤道路绿化规划设计要有长远观点，又要重视近期效果，要求道路绿化远、近期结合，互不影响。

二、城市街道绿地设计

街道绿化是指建筑红线之间的绿化。包括人行道绿化带、防护绿带、基础绿带、分车绿带、广场和公共建筑前的绿化设施、街头休息绿地、停车场绿地、立体交叉绿地以及高速公路、花园林荫路绿地等多种形式。

在较好的绿化条件下，应选择观赏价值高的植物，合理配植，以反映城市的绿化特点与绿化水平。主干路贯穿于整个城市，应形成一种整体的景观基调。主干路绿地率较高，绿带较多，植物配置要考虑空间层次、色彩搭配，体现城市道路绿化特色。

（一）街道绿化植物选择原则

（1）适地适树，多采用乡土树种，移植时易成活、生长迅速而健壮的树种。

（2）要求管理粗放、病虫害少、抗性强、抗污染。

（3）树干要挺拔、树形端正、体形优美、树冠冠幅大、枝叶茂密、分枝点高的树种。

（4）要求树种发芽早、展叶早、落叶晚、落叶期整齐的树种。

（5）要求树种为深根性，无刺、无毒、无臭味、落果少、无飞絮、无飞粉的树种。

（6）花灌木应该选择花繁叶茂、花期长、生长健壮和便于管理的树种。

（7）绿篱植物和观叶灌木应选用萌芽力强、枝繁叶密、耐修剪的树种。

（8）地被植物应选择茎叶茂密、生长势强、病虫害少的木本或草本观叶、观花植物。其中草坪地被植物应选择覆盖率高、耐修剪和绿期长的种类。

（二）街道树种配置要点

（1）阳性树和较耐阴树种相结合，上层林冠要栽阳性喜光树种，下层林冠可栽庇荫树种。下层的花灌木，应选择下部侧枝生长茂盛、叶色浓绿、质密较耐阴的树种。

（2）街道绿带多行栽植时，最好是针叶树和阔叶树相结合、常绿树和落叶树相结合。

（3）要考虑各树木生长过程，各个时期，种间、株间生长发育不同，合理搭配，使其达到好的效果。

（4）对各树木的观赏特性，采用不同结构配置或优美构图，组成丰富多彩的观赏效果。

（5）根据所处的环境条件，选择相应的滞尘、吸毒、消音强的树种，提高净化效果。

（三）行道树的种植方式

（1）树带式，在人行道和车行道之间留出 1 条不加铺装的种植带，为树带式种植形式。一般种植乔木的分车带宽度不得小于 1.5m；主干路上的分车绿带宽度不宜小于 2.5m；行道树绿带宽度不得小于 1.5m；可植 1 行乔木和绿篱或视不同宽度可多行乔木和绿篱结合。

（2）树池式，在交通量比较大、行人多而人行道又狭窄的街道上，宜采用树池的方式。一般树池以正方形为好，大小以 1.5m×1.5m 为宜。另外，也可用长方形以 1.2m×2m 为宜，还有圆形树池，其直径不小于 1.5m。行道树栽植于几何形的中心。为了防止树池土壤被行人踏实，影响水分渗透、空气流通，树池边缘应高出人行道 8～10cm，如果树池稍低于路面，在树池上面加有透空的池盖，池盖可用木条、金属或钢筋混凝土制成，可由两扇合成，以便松土和清除杂物时取出。

（3）行道树定干高度，应根据其功能要求、交通状况、道路的性质、宽度及行道树距车行道的距离而定。分枝高度较小者，也不能小于 2m，否则影响交通。

（4）行道树的株距以株与株之间或行与行之间互相不影响树木正常生长为原则。一般采用 5m 为宜。一些高大乔木可采用 6～8m 株距，以成年树冠郁闭效果好为准。

（四）交通岛绿地

交通岛绿地分为中心岛绿地、导向岛绿地和立体交叉绿岛。

（1）中心岛绿地位于交叉路口上可绿化的中心岛用地。中心岛外侧汇集了多处路口，尤其是在一些放射状道路的交叉口，可能汇集 5 个以上的路口。为了便于绕行车辆的驾驶员准确快速地识别各路口。中心岛绿地应保持各路口之间的行车视线通透，布置成装饰绿地。因此，中心岛上不宜过密种植乔木，在中心岛上可种花草、绿篱、低矮灌木或点缀一些常绿针叶树，要求树形整齐。同时也可以设置喷泉、雕塑等建筑小品。

（2）导向岛绿地应选用地被植物栽植，不遮挡驾驶员视线。在岛上种植草坪、花坛，只供装饰，行人不得入内。

（3）立体交叉绿岛：互通式立体交叉干道与匝道围合的绿化用地。立体交叉绿岛常有一定的坡度，绿化要解决绿岛的水土流失，需种植草坪等地被植物。草坪上可点缀树丛、孤植树和花灌木，以形成疏朗开阔的绿化效果。在开敞的绿化空间中，更能显示出树形自然形态，与道路绿化带形成不同的景观。桥下宜种植耐阴地被植物，墙面宜进行垂直绿化。

（五）分车带绿地

快慢车道隔离带，一般为 2.5 ~ 6.0m 宽，根据交通安全的要求，许多国家严格规定快慢车道之间的植物高度不超过 1m，且禁止列植成墙，以利驾驶员的视线通透。目前，隔离带的绿化植物多选用矮小的乔木或花灌木，如圆柏、豆瓣黄杨、大叶黄杨、红叶李、紫薇、木芙蓉、茶花、棕榈等，目的在于减少视线障碍。

第五节　综合性公园绿地建设

一、综合性公园的内容和规模

综合性公园的建设，必须以创造优美的绿色自然环境为基本任务，要充分利用有利地形、河流、湖泊、水系等天然有利条件，同时还要充分地满足保护环境、文化休闲、游览活动和生态艺术等各方面功能的要求。

在一个城市中设立综合性公园的数量，要根据城市的规模而定，一般情况在大、中城市可设置几个为全市服务的市级综合性公园和若干个区级公园，而在小城市或城镇只需设置一个综合性公园。不论是市级的还是区级的综合性公园，都是为群众提供服务的综合性公共绿地，只是公园的内容和园内的设施有所不同。

综合性公园的内容，应该包括多种文化娱乐设施、儿童游戏场和安静休息区，也可设立小型游戏型的体育设施。在已建有动物园的同一城市，则在综合性公园中不宜再设立大型的或猛兽类动物展区。

二、综合性公园的种植设计

综合性公园的种植设计，要根据公园的建设规划的总要求和公园的功能、环境保护、游人的活动以及树林庇荫条件等方面的要求出发，结合植物的生物学和生态学特性，做到植物布局的艺术性。

（一）安静休息区

由于要形成幽静的憩息环境，所以应该采用密林式的绿化，在密林中分布了很多的散步曲径和自然式的林间空地、草地及林下草地，也具有开辟多种专类花园的条件。

（二）文化娱乐区

本区常有一些比较大型的建筑物、广场、雕塑等，而且一般地形比较平坦，绿化要求以花坛、花境、草坪为主，以便于游人的集散。在本区可以适当地点缀种植几种常绿的大乔木，而不宜多栽植灌木，树木的枝下净空间应大于 2m，以免影响交通安全视距和人流的通行。

（三）游览休息区

可以生长健壮的几种树种作为骨干，突出周围环境的季相变化的特点。在植物配置上根据地形的起伏而变化，在林间空地上可以建设一些由道路贯穿的亭、廊、花架、座椅凳等，并配合铺设相应面的草坪。也可以在合适的地段设立如月季园、牡丹园、杜鹃园等专类花园。

（四）体育活动区

宜选择生长快、高大挺拔、树冠整齐的树种。不宜种植那些落花、落果和散落种毛的树种。球类运动场周围的绿化地，要离运动场 5～6m。在游泳池附近绿化可以设置一些花廊、花架，不要种植带刺或夏季落花落果的花木和易染病虫害、分蘖强的树种。日光浴场周围，应铺设柔软而耐踩踏的草坪。

（五）儿童活动区

应采用生长健壮、冠大荫浓的乔木种类来绿化，不宜种植有刺、有毒或有强烈刺激性反应的植物。在儿童活动区的出入口可以配置一些雕像、花坛、山、石或小喷泉等，并配以体形优美、奇特、色彩鲜艳的灌木和花卉，活动场地铺设草坪，以增加儿童的活动兴趣。本区的四周要用密林或树墙与其他区域相隔离，本区植物配置以自然式绿化配置为主。

（六）公园大门

公园大门是公园的主要出入口，大多数大门都面向城市的主干道。所以公园大门的绿化，应考虑到既要丰富城市的街景，又要与大门的建筑相协调，还要突出公园的特色。如果大门是规则式的建筑，则绿化也要采用规则式的绿化配置。对于大门前的停车场四周可以用乔灌木来绿化，以便夏季遮阴和起隔离环境的作用。在公园内侧，可用花池、花坛、雕塑小品等相配合，也可种植草坪、花卉或灌木等。

在公园的小品建筑附近，可以设置花坛、花台、花境，沿墙可以利用各种花卉境域，成丛布置花灌木。门前种植冠大荫浓的大乔木或布置艺术性设计的花台、展览室、阅览室和游艺室的室内，可以摆设一些耐阴的花木。所有的树木、花草的布置都要和小品建筑相协调，四季的色相变化要丰富多彩。

公园的水体可以种植荷花、睡莲等水生植物，创造优美的水景。在沿岸可种植较耐水湿的草木花卉或者点缀乔灌木和小品建筑，以丰富水景。

第六节　市区森林的培育

一、市区森林抚育的目的与意义

市区森林抚育是指市区森林建立以后一直到林木死亡或因其他原因而需要对其重新补植之前的各项管理保护措施。

人们常说"三分造林，七分管护"，可见，市区森林能否正常生长发育，主要还是依赖于造林后的抚育管理。市区森林抚育的目的就是使市区森林可以健康、茁壮地生长，并且能够与市区环境协调一致，最大限度地提高市区森林的生态服务功能，同时把对市区其他设施及活动可能存在的对林木生长不利的影响降到最低程度。市区森林的抚育管理措施主要包括市区森林的施肥管理、整形修剪、伤口处理、树穴填补以及病虫害防治等。

二、市区森林的施肥管理

在我国除了经营商品林之外，一般造林是不施肥的。但是，由于市区森林的土壤一般比较贫瘠，而且还要求其发挥更高的生态服务功能，因此，有条件时还是应该大力提倡进行施肥管理。通常，施肥时应氮、磷、钾三种肥料并重。但是，如果土壤中某种元素较充足时，则可以不使用主要成分为该种元素的肥料，如中国北方土壤一般不缺钾元素，所以一般在北方不施用钾肥，而南方土壤一般比较缺钾，也比较缺磷，因此，南方城市土壤需要补充磷肥和钾肥。

（一）市区施肥的种类

通常来说，林木的适宜施肥种类与农作物并不完全相同。另外，观赏树木和花卉一般喜生于酸性土壤之中，而在我国酸性土壤多分布在南方，北方土壤一般呈中性或碱性。因此，凡是能残留碱性残基的化学肥料不应施用在碱性土壤中。

北方种植观赏花木时，培养基应保持在微酸的条件下，碱性土壤一般可加入酸性肥料或用石膏来调节。

（二）施肥数量

施用复合肥料的适宜数量一般采用如下标准：即 1 株树木胸高直径每 2.54cm 时施肥 1.1 ~ 1.8kg，幼树施肥量应减半。

（三）施肥的方法

（1）地表撒播法：对未成林的幼树可以用这种方法，用撒播法施肥只有遇到降雨，肥料才能进入土壤中。

（2）开沟施肥法：在树冠的外缘掘沟，沟深 20 ~ 30 cm，宽 10 ~ 20cm，然后填入混有肥料的表土。这种方法有两个缺点，其一是仅有小部分根系接触到肥料，其二是这种方法会伤害到若干根系。

（3）穿孔法：对于长在草地上的大树而言，穿孔法是最有效的方法。用适当的工具（如丁字镐或土壤钻孔器）在根系分布范围内钻孔。所谓根系的范围是以树木为圆心，以树木直径的 12 倍为直径的圆圈，每个洞的深度为 25cm，洞与洞的间隔为 60cm。

（4）叶面施肥：能够进行叶面施肥的依据是因为树木叶片的正反面若干部位间歇排列着几丁质层，几丁质层会吸收水分及养分。影响树木叶片吸收养分的条件有湿度、适宜的温度、光、糖的供应、树势、肥料的物理性质与化学性质等因素。

同时，叶片对液体肥料的吸收程度因树种而异。每一树种叶面表皮层的厚度、表皮层不连续的状况（几丁质层与表皮层相互间隔的情形）以及叶片表面的光滑程度等因子都会影响到叶面施肥的效果。

三、修枝

市区森林的主要景观功能之一就是要具有较高的观赏价值，也就是其美学价值要高。树冠整形与修剪是提高城市森林美学价值的重要方法之一。

（一）修剪的主要目的和意义

（1）维护林木的健康：破裂、枯死或感染病虫害的枝条可以通过修枝方式予以剪除，这样可以防止病虫害的蔓延。为增加阳光和空气透过树冠，也可修剪若干健康的枝条。假若根系受到伤害，相应地修剪掉若干枝条后，也能够使树冠与根系维持平衡。

（2）美观：市区当中的许多树木均是通过人工修剪整形而成的，具有一定的几何形状。但树木各个枝条的生长速度不是均匀一致的。因此，为了保持树冠的整齐与景观上的美观，这些生长迅速的枝条就应予以适当修剪。

（3）安全：枯死的枝条会坠落，这样就会危及市区居民的生命和财产安全，因此，对枯枝、严重病枝或受机械损伤尚未脱落的枝条要及时修剪，消除安全隐患。对于枝条下垂形的树木，其枝下高低于 1.5 m 或严重妨碍市民活动时（即使高于 1.5m），也应进行修剪，以保证市民的安全。

（二）修枝工具

链锯、手锯、双人大锯、修枝剪、斧、锤、大剪刀等都是常用的修枝工具。

（三）修枝方法

修枝并没有统一的方法，但是一些基本原则还是需要遵守的，如修枝时应从树枝的上方向下修剪，这样易于把树冠修剪成适当树型，也容易清理落下的残枝，修剪的切口必须紧贴树干或大树枝上，而不应留下突出的残枝。因为留下的残枝会妨害伤口愈合并且产生积留水分而使树干或枝干腐朽，影响树木生长。修枝时切口应平滑且呈椭圆形。

大枝条的修剪应使用大锯移除。在锯枝时不应伤及树干本身，为防止大枝坠落时撕伤树枝，正确的修枝方式是：第一步应在距树干 30～40cm 处自下而上锯枝条，锯到树枝直径的一半后，再自距离第一道切口 1cm 的上端自上而下切锯，最后再自下向上紧贴树干把剩下的残枝切除。在锯残枝时，手应紧握残枝，以免树枝撕裂。

（1）"V"字形枝丫的修剪：移除 V 字形枝丫应该注意以下两点：第一，许多树种（如木棉树、柳树、黄槿等）可以大量修枝而不致影响其树势；第二，在进行 V 字形枝丫的切除时，切口应与主干呈 45°的角度。切口与主干呈垂直状态不易愈合，同时若切口所呈角度过大也会使剩下的另一枝条易于断折。

（2）风害枝修枝：树木如遭受风害，应视情形予以修枝。如果风害枝木有危害人员生命财产的可能，则应立刻修枝，或者可以等到适当的季节再予修枝。

（3）遭受病虫害枝条的修枝：受到病虫害的枝条应予以及时修枝。关于这一类枝条的修枝，有一点需要特别注意，即不应使修枝的工具成为传染病虫害的媒介，处理过病害木的刀剪应该用 70% 的酒精擦拭，而且病害木不应在湿季修枝，因为在这种情况下，病虫害最容易传播。

（4）常绿树木的修枝：市区树木修枝的目的在于获得美观的树冠，使得树冠枝条较多且外观较紧密。幼年茎轴的末端如果进行修剪，就会使枝条上长出新的枝孽，使树冠更为浓密。

松树与云杉一年只生长一次，因此，一年中的任何时期均可修枝，但最好在新生长的枝条还比较幼嫩时修枝。比如，松类树木最好在新生长的枝叶未展开时进行修枝，即在新生长的枝叶尚呈蜡烛状时即予以修枝，在这种情况下修枝对树木的外观不产生影响。其他针叶树种如扁柏、落叶松等树种在整个生长季中都在不断生长，这类树木最好在 6 月或 7 月修枝，在生长季节停止前，新的生长会覆盖修枝的切痕。具有某种特定树型的针叶树应该进行修枝，以维持其特定的树形，在这种情况下，只能剪除长茎轴。以针叶树当绿篱时则应该用大剪刀将其顶端剪平。

（5）因避免与电线接触而进行的修枝：行道树与空中的线路时而纠缠在一起，这是城市中常见的一种不良现象，是一种严重的安全隐患。在这种情况下，行道树修枝是最好的解决办法。这类修枝可以分为三类：切顶、侧方修枝、定向修枝。

①切顶。切顶是把顶端的枝条切除，如果树木生长在电线的下方时，可以采用这种方法，但这种方法容易破坏树的自然美观。

②侧方修枝。侧方修枝是把大树侧方与电线相互纠缠的枝条剪除，在进行侧方修枝时通常要把另一方的枝条修剪，以保持树形的对称。

③定向修枝。定向修枝是把树木中若有与电线纠缠的树枝予以剪除，并且应该把余留枝条牵引使其不触及电线。通常具有经验的城市森林学者可以预测树木枝条的走向，因此，在进行定向修枝时，不但剪除目前与电线发生纠缠的枝条，

而且还会对日后可能与电线纠缠的枝条一并去掉。

四、树穴处理

（一）树穴的起源

树穴起源自树皮伤口。健全的树皮可以保护其内部的组织，树皮破损会使边材干燥，当树势强壮时，这种伤口不会扩大，并且在一两年内会长出愈合组织。但是如果树木受损而伤口太大，则伤口愈合较为缓慢。另外一种情况是因为风折或修枝不慎而把残枝留在树上。在上述两种情况下，木材腐朽菌与蛀食性的虫类会进入树干而导致腐朽，这些菌类或虫类会使愈合组织不能生成，经过一段时间后就产生了树穴。

树木的心材如果产生洞穴还不至于损伤树木的树势，但是会损害树木的机械支持能力，并且这种树穴也会成为虫类的温床。如果在树干上树穴的洞口继续扩大，则会损及树势。这是因为树穴的洞口原来是树木形成层及边材占据的位置，树穴口部的扩大会损伤树木韧皮部的传导系统。

大多数腐朽菌所造成的腐朽过程极为缓慢，其速度大约等于树木的年生长量。因此，即使有树穴存在，一株树势良好的树木依然可以长到相当高的程度。

（二）树穴的处理

处理树穴的目的在于改善树木的外观并消除虫蚁、蚊子、蛇、鼠等昆虫和动物的庇护所。树穴处理的方法有两种，一是把树穴用固体物质填满，二是只把树穴清洁干净。

清理树穴时，应将树穴中所有变色与含水的组织予以清理，也就是说已变色的组织即使表面看来健全也应该予以清理，因为这是木材腐朽菌的大本营。对于大的树穴，就不能把所有变色的木材全部清除，因为这会减弱树木的机械能力，而导致树木折断。

一般而言，老的树穴伤口均已布满创伤组织，如果铲除这些创伤组织则会破坏树木水分和养分的传导系统而严重减弱树势，因此，林业人员应自行判断树穴中腐朽部分是否应予以清理。

（三）树穴的造型

对树穴应该进行整形，以使树穴内没有水囊存在，假使这些水囊蔓延至树干，也应把外面的树皮切除以消除水囊，假使在树穴内有很深的水囊存在，则应在水囊下端之外的树皮处穿一洞，并插上排水管。由于排水管所排的是树液，会使排水管成为真菌、细菌与害虫的滋生所在地，所以应注意防范。

在树穴整形时，对树穴的边缘应特别注意，因为只有形成层与树皮健康以及留下充分的边材时，才会产生充分的愈合活动。树皮必须用利刃整形，这样才能使被修整部分平滑，被切下的部分应立刻涂上假漆，以防止柔嫩的组织变干。

（四）在树穴内架设支柱

在较大的树穴内应该装架支柱，这样可以使树穴的两侧坚固，同时使树穴内的填充物质更巩固。

支柱应以下列方法插入树穴中：支柱插入孔应离健康的边材边缘至少 5cm，支柱的长度与直径应根据树穴大小来考虑。支柱的两端应套上橡皮圈，再用螺丝帽锁住。

（五）消毒与涂装

消毒与涂装的部分包括，把树穴内部用木焦油或硫酸铜溶液（1kg 硫酸铜溶在 4kg 水中，硫酸铜溶液必须用木桶盛装），进行消毒处理，再用水泥或白灰进行涂装。

五、支柱与缆绳

用以支撑建筑物的铁杆或木桩叫作支柱，用支柱抚育和保护树木的方法叫作支柱支持法，以钢丝绳做树木人工支持物的方法叫作缆绳支持法。

（一）使用人工支持物的对象

（1）紧 V 形枝丫。许多树种本身会生成紧 V 字形枝丫，另一些树木则因幼年未施行修枝导致造成紧 V 字形枝丫。

当两条树枝紧接在一起时，会妨害这两枝条形成层与树皮的正常发展，甚至因彼此挤压而导致这两枝条的死亡。因此，应设法把紧 V 字形枝丫改为 U 字形的枝丫。

（2）断裂的枝丫。如因景观上的需要必须保留断裂的枝丫，则必须用人工支柱的方式防止其继续断裂。

（3）可能断裂的枝丫。许多树种因其枝丫上的叶子太多而木材的材质又太脆弱，可能会使枝丫断裂，因此，需要人工支撑来避免断裂。

（二）支持物的种类

1. 支柱

支柱是由铝合金制成的棍杆或木棍。使用时，有一半木材已腐朽的枝条以及心材全已朽烂，只剩下边材的树穴，可以用支柱支持树木。

2. 钢缆法

钢缆法是用铜皮包的钢缆来固定枝条。有以下 4 种做法。

（1）单向系统，是从一枝条向另一枝条以钢缆相连接。

（2）盒状系统，是把四根枝条以钢缆逐一连接。

（3）轮型系统，是在中间一枝条中装上挂钩，四周四株树枝除依盒状系统互相连接外，也均与中间的枝条相连接。

（4）三角系统，即把每三根树枝用钢缆形成三角形的方式连接起来。

以上 4 种做法以三角形系统最能支持弱枝。

包铜钢缆通常是装在枝丫交叉点至顶端的 $\frac{2}{3}$ 处，挂钩是用来钩住钢缆的，挂钩应采用镀铬钢钩。

六、市区森林病虫害的防治

无论是国内还是国外，城市森林都曾经因病虫害的蔓延而遭到极大的破坏，比如我国北方城市中曾经暴发流行过的杨柳光肩星天牛危害，美国曾经蔓延过的大规模荷兰榆树病危害，都使几十年的城市绿化成果毁于一旦。因此，病虫害防治是市区森林一项非常重要和关键的抚育保护措施。

市区森林病虫害防治最大的难度就在于市区人口稠密，一般对人畜有毒的杀虫、杀菌药物是严格禁止大规模或经常使用的。因此，市区森林病虫害的防治原则是预防第一、控制第二，有效的预防与监测系统就显得更为重要了。以下是市区森林病虫害抚育管理的途径：

（1）建立严格的病虫害检疫制度，植物病虫害检疫就是为防止危险性的病虫害在国际或国内地区的人为传播所建立的一项制度。病虫害检疫的任务就是，禁止危险性病虫随动植物或产品由国外输入或由国内输出；将国内局部地区已发生的危害性病虫害封闭在一定的范围内，不使其蔓延；当危险性病虫害侵入新地区时，采取紧急措施就地消灭。

（2）生物防治措施，生物防治技术是当今世界范围内发展迅速且最符合生态学原理的一项治理措施。通常对害虫的生物防治措施包括：引进有害昆虫的天敌或为害虫的天敌创造适宜的生活条件。许多鸟类就是昆虫的天敌。病害的防治一般是利用某些微生物作为工具来防治的。

（3）化学防治措施，病虫害的化学防治是利用人工合成的有机或无机杀虫剂、杀菌剂来防治病虫危害的一种方法，是植物病虫害防治的一个重要手段。它具有适用范围广、收效快、方法简便等特点。特别是在病虫害已经发生时，使用化学药剂往往是唯一能够迅速控制病虫害大范围蔓延的手段。

市场上各种杀虫剂和杀菌剂均有销售，使用方法和原理各不相同。大体上可分为铲除剂、保护剂和内吸剂等，而使用上有种实消毒、土壤消毒、喷洒植物等。

需要注意的是，现在市区环境内，为了减少使用化学药剂可能对环境产生的影响，一般对使用化学药剂是实行严格控制的。一般在不太严重的情况下，禁止大面积喷洒杀虫剂和杀菌剂，同时高效低毒的药剂也正在逐步代替有残毒危害的药品。

（4）物理防治措施，利用高温、射线及昆虫的趋光性等物理措施来防治病虫害，在某些特殊条件下能收到良好的效果，比如在特定的时期利用黑光灯诱杀某些有害昆虫，对土壤中的病菌虫卵采用高温消毒等。

（5）综合防治措施，综合防治就是通过有机地协调和应用检疫、选用抗病品种、林业措施、生物防治、化学防治、物理防治等各种防治手段，将病虫害降低到经济危害水平以下。

第九章 城市林业生态化建设
——郊区森林的规划设计与建立

第一节 郊区森林的规划设计

一、郊区森林的造林规划

郊区森林的造林规划是在相应的或者上一级的林业区划指导下，依据各个城市郊区具体的自然条件和社会经济条件，对今后一段时间内的造林工作进行宏观的整体安排，规划的主要内容包括各郊区的发展方向、林种比例、生产布局、发展规模、完成的进度、主要技术措施保障、投资和效益估算等。制定造林规划的目的在于，为各级绿化部门对一个城市郊区（单位、项目）的造林工作进行发展决策和全面安排提供科学依据，同时也为制订造林计划和指导造林施工提供依据。

（一）郊区森林造林规划的理论基础

造林规划是一项综合性的工作，需要多学科的科技知识。首先，在造林地区的测量、调绘，使用航空相片、卫星相片、地形图等现有图面资料，提供各种设计用图等工作中，需要测量学、航测和遥感方面的知识。

"适地适树"是森林营造的基本准则，为做到造林的适地适树，必须客观而全面地分析造林地的立地条件和树种的特性。造林地立地条件的分析，需要调查气候、土壤、植被及水文地质等情况，特别需要掌握气象学、土壤学、地质学，植物学，水文学等方面的知识。树种生物学、生态学特性的分析，需要具备植物学、树木学、生态学、植物生理学等方面的专业知识。

为了进行设计分析、编制计划和数据处理，需要有关的数学知识，如运筹学、数理统计、计算数学和计算机等方面的知识。

同时，造林又是一项社会性很强的工作。从本质上看，造林规划设计是一个社会—经济—资源—环境为一体的复杂体系，它们之间的协调与否，关系到造林规划的实施效果乃至成败，因此，必须全面分析造林地区的社会经济条件，并与其他行业协调发展，这就需要具备土地学、经济学、社会学以及农、牧、副、渔业等的相关知识。

从造林规划的本身来看，在上述有关学科的知识里，主要的理论依据是与造林直接相关的林学知识，如森林培育学、森林生态学、森林保护学、森林经营管理学，园林绿地规划理论、人居环境可持续发展理论等，以便通过树种生物学、生态学特性和造林地立地条件的深入分析，并在生态学、经济学和美学原则的共同指导下，规划设计出技术上科学合理，经济上可行的林种、树种、造林密度、树种混交、造林方法和抚育管理等技术措施。

（二）郊区森林造林规划的步骤与范围

郊区森林造林规划的具体步骤可分为三个阶段。第一阶段，查清规划设计区域内的土地资源和森林资源，森林生长的自然条件和发展郊区林业的社会经济状况。第二阶段，分析规划设计郊区影响森林生长和发展郊区林业的自然环境和社会经济条件，根据国民经济建设和人民生活的需求，提出造林规划方案，并计算投资、劳力和效益。第三阶段，根据实际需要，对造林工程的有关附属项目（如排灌工程、防火设施、道路、通信设备等）进行规划设计。

郊区森林造林规划的内容以造林和现有林经营有关的林业项目为主，包括土地利用规划，林种、树种规划，现有林经营规划，必要时可包括与造林有关的其他专项规划，如林场场址、苗圃、道路、组织机构，科学研究、教育等规划。

造林规划的范围可大可小，从全国、省、地区到县（林业局）、乡村（林场）、单位或项目等，对郊区造林规划而言，其造林规划的范围就在规划城市所属的郊区范围。造林规划有时间的限定和安排，但技术措施不落实到地块。

二、郊区森林造林调查设计

造林调查设计是在造林规划的原则指导下和宏观控制下，对一个较小的地域进行与造林有关的各项因子，特别是对宜林地资源的详细调查，并进行具体的造林设计。造林技术措施要落实到山头地块。造林调查设计还要对调查设计项目所需的种苗、劳力及物资需求、投资数量和效益做出更为精确的测算。它是林业基层单位制订生产计划、申请项目经费及指导造林施工的基本依据。

造林调查设计的任务，通常由林业主管部门根据已经审定的造林项目文件或上级的计划安排，以设计任务书的方式下达。此项工作通常由专业调查设计队伍组织，由专业调查设计人员与基层生产单位的技术人员结合来完成。全部工作可分为准备工作、外业工作和内业工作各阶段进行，其主要工作程序和内容如下。

（一）准备工作

造林调查设计准备工作的主要内容包括以下五个方面：

（1）建立专门组织，确定领导机构、技术人员，进行技术培训等。

（2）明确任务，制定技术标准，研究上级部门下达的设计任务书，广泛征求设计执行单位和有关部门及群众的意见和建议，明确造林调查设计的地点、范围、方针和期限等要求。规定或制定地类，林种、坡度划分，森林覆盖率计算等项技术的调查标准。

（3）进行完成设计任务的可行性论证，验证原立项文件和设计任务书中规定内容的现实可行性，必要时可进行典型调查。论证结论与原立项文件或设计任务书有原则冲突时，需报主管部门审批，得到认可后，制定该调查设计的实施细则。

（4）收集资料，收集与设计郊区造林有关的图面资料（地形图、卫星遥感相片、航空摄影相片等）、书面资料（土地利用规划、林业区划，农林牧业发展区划，造林技术经验等相关资料；气象、地貌、水文、植被等自然条件；人口、劳力、交通、耕地、粮食产量、工农业产值等社会经济条件；各种技术经济定额等）。

（5）物资准备，包括仪器设备、调查用图、表格、生活用品等方面的准备。

如果需要使用计算机进行数据采集或处理时，还要做好计算机软件的收集、编写及调试工作。准备工作是极其细致、繁杂和琐碎的，关系到调查设计任务完成的进度乃至质量，因此，必须认真对待。

（二）外业工作

在搜集和利用现有资料的基础上，开展外业调查工作。外业调查工作是造林调查设计的中心工作，主要有以下内容：

（1）补充测绘工作，造林调查设计使用的地形图比例尺以 1 ∶ 10000 为好，至少也要 1 ∶ 25000 的地形图，配以类似比例尺的航片。如所需上述图面资料不足，不能满足外业调查的需要，或者因为原有的图面资料因成图时间或航摄时间较早，不能反映目前地形地物的实际情况，则需要组织必要的补充测绘或航摄工作。由于此项工作量大而花费昂贵，因此，是否需要进行以及如何进行，应采取十分慎重的态度。

（2）外业调查分为初步调查和详细调查。初步调查是在外业调查初期对造林地立地条件和其他有关的专业调查，其目的在于掌握调查区的自然环境特征，编制立地类型表、造林类型表，拟订设计原则方案，并为详细调查和外业设计提供依据。

设计原则方案要提出调查设计各项工作的深度、精度和达到的技术经济指标。原则方案确定后，由主管部门主持召集承担设计、生产建设单位以及有关人员进行审查修改，并经主管部门批准执行。

设计原则方案经批准后，即开始详细调查。初步调查和详细调查的各项调查内容基本一致，但采用的方法和调查的深度有所不同。

①专业调查。专业调查包括气象水文、地质、地貌、土壤、植被、树种和林况、苗圃地、病虫鸟兽害等。专业调查最主要的任务是通过对当地地貌、土壤（包括地质、水文）、植被、人工林等调查，掌握城市郊区自然条件及其在地域上的分异规律，研究它们之间的相互关系，用于划分立地条件类型，作为划分宜林地小班和进行造林设计的依据。

各专业调查组要根据本专业的特点和要求，采用线路调查，典型抽样调查、访问收集等方法进行专业调查。一般是在利用现有资料的基础上，采用面上调查和典型样地调查相结合的方法。对造林地面积不大，自然条件不甚复杂时，经一般性的踏查后，可不进行面上调查，直接在不同的造林地段选择典型地段进行标准地调查。面上调查（线路调查）的调查线路一般是在地形图上按照地貌类型（河床、河谷、阶地、梁、丘陵等），海拔高度，沿山脊、河流走向预设测线、测段和测点，再逐段逐点地调查变化情况。标准地（样地）调查是选择能代表某一类型的典型地段，设置标准地或样地进行详细调查。

专业调查结束后，进行调查资料的整理和采集样品的理化分析，以掌握各项立地因子的分布与变化规律，充分运用森林培育学和相关学科的理论知识和研究成果，进行精心设计，正确进行立地评价，编制适于当地的立地类型表，并在此基础上按不同立地类型（或立地类型组）设计若干造林类型（称造林设计类型或造林典型设计）。

立地类型表的内容包括立地类型号，类型名称、地表特征、土壤、植物、适生树种、造林类型号等。造林类型表的内容包括造林类型号、林种、树种、混交方法及各树种比例、造林密度及配置、整地方法和规格、造林方法等。

②专项工程调查。主要内容包括道路调查，林场、营林区址调查，通讯、供电、给水调查，水土保持、防火设施、机械检修等调查。这些调查设计一般只要求达到规划的深度，如果需要深化，可组织专门人员进行。

③社会经济调查。主要了解调查郊区居民点分布、人口，可能投入林业的劳力与土地；交通运输、能源状况；社会发展规划、农林牧副业生产现状与发展规划等。

④区划调绘与小班调查。为了便于管理并把造林设计的技术措施落实到地块，对设计郊区要进行区划。对于一个城市郊区来说，造林区划系统为乡—村林班—小班。如果在一个村的范围内造林面积不大，可以省去林班一级。一个林场（或自然保护区、森林公园）的造林区划系统为工区（或分场）—林班—小班。乡和村按现行的行政界线，现场调绘到图上；工区是组织经营活动的单位，一般以大的地形地物（分水岭、河流、公路等）为界，最好能与行政区划的边界相一致，其面积大小以便于管理为原则。

林班是调查统计和施工管理的单位，其面积一般控制在 $100 \sim 400 hm^2$，林班界一般以山脊、沟谷、河流等明显的地形地物进行区划调绘，必要时也可以用等距直线网格区划的办法。

小班是造林设计和施工的基本单位，结合自然界线在现场区划界线的调绘，要求同一小班的地类、立地条件（类型）一致，因而可以使用同一个造林设计，组织一次施工来完成造林任务。小班的面积一般按比例尺大小和经营的集约程度而定，最小为 0.5 ~ 1hm²，即在图面上不小于 4mm²，如果面积太小，可与邻近地块并在一起划为复合小班，分别注明各地类所占比例。小班的最大面积也应有所限定。宜林地小班调查记载小班的地形、地势、土壤、植被土地利用情况，确定适合的立地类型、造林类型及设计意见。有林地小班应划分天然林、人工林调查林木组成、年龄、平均高、平均胸径、疏密度，郁闭度等，并确定适当的林分经营措施类型。非林地小班只划分地类，不进行详细调查。小班调查一般采用专门设计的调查表或卡片，调查卡片的形式更适合于进行计算机统计。

外业工作基本完成后，要对该项工作完成的质量进行现场抽查，并对外业调查材料进行全面检查和初步整理，以便发现漏、缺、错项，及时采取相应的弥补措施。

（三）内业工作

（1）基础工作，在内业工作开始前，必须认真做好资料检查，类型表修订，底图的清绘和面积计算等工作。检查和整理调查所收集的全部资料，如有错漏立即补充或纠正。外业采集的土壤、水等样品送交专业单位进行理化分析，以确定其成分，作为划分立地条件类型和确定造林措施的依据。根据外业调查和理化分析结果补充或修订"立地类型表"和"造林类型表"，用修订后的类型表逐个订正小班设计。根据外业区划调绘的结果，在已清绘的基本图上，以小班为单位，用求积仪等工具量测面积。量测面积有一定的精度要求，小班面积之和与林班面积之间，林班面积之和与工区（乡、村）面积之间，其差数小于规定的误差范围时，方可平差落实面积。

（2）内业设计，在全面审查外业调查材料的基础上，根据任务书的要求，进行林种和树种选择，树种混交、造林密度、整地、造林方法、灌溉与排水、幼林抚育等设计，必要时还要进行苗圃、种子园、母树林、病虫害防治以及护林防火等设计。在设计中，需要平衡林种、树种比例，进行造林任务量计算、种苗需要量计算及其他各种规定的统计计算，做出造林的时间顺序安排及劳力安排，完成切合实际的投资概算和效应估算。计算机的应用可大大简化此项工作。

（3）编制造林调查设计文件，调查设计文件应以原则方案为基础，根据详细调查和规划设计的结果而编制。该文件主要由调查设计方案、图面资料、表格以及附件组成。

造林规划方案的内容包括前言（简述规划设计的原则、依据、方法等），基本情况（设计郊区的地理位置、面积、自然条件、社会经济条件、林业生产情况等），经营方向（林业发展的方针及远景等），经营区划（各级经营区划的原则、方法、依据及区划情况），造林规划设计（林种、树种选择的原则和比例，各项造林技术措施的要求和指标），生产建设顺序（生产建设顺序安排的原则、依据及各阶段计划完成项目的任务量），其他单项及附属工程规划设计，用工量、机构编制和人员设置的原则和数量，投资概算和效益概算。

图面资料包括现状图，造林调查设计图、以城市郊区（或林场、自然保护区、森林公园）为单位的调查设计总图等、其他单项规划设计图。

附件包括小班调查簿（或卡片集）、各项专业调查报告、批准的计划任务书、规划设计原则方案、有关文件和技术论证说明材料等。

（4）审批程序，在调查设计全部内业成果初稿完成后，由上级主管部门召集有关部门和人员对设计成果进行全面审查，审查得到原则通过后，下达终审纪要。设计单位根据终审意见，对设计进行修改后上报。设计成果材料要由设计单位负责人及总工程师签章，成果由主管部门批准后送施工单位执行。

三、造林施工设计

造林施工（作业）设计是在造林调查设计或森林经营的指导下，针对一个基层单位（如一个城市郊区，或林场、自然保护区、森林公园等），为确定下一年度的造林任务所进行的按地块（小班）实施的设计工作，设计的主要内容包括林种、树种、整地、造林方法、造林密度、苗木、抚育管理、机械工具，施工顺序、时间，劳力安排、病虫兽害防治、经费预算等。面积较大的，还应做出林道、封禁保护、防火设施的设计。造林施工设计应由调查设计单位或城市林业部门在施工单位的配合下进行，国有林场（或国家自然保护区、国家森林公园等）造林可自行施工设计。施工设计经批准后实施。施工设计主要是作为制订年度造林计划及指导造林施工的基本依据，也应作为完成年度造林计划的必要步骤。

造林施工（作业）设计是为基层林业生产单位的造林施工而使用的，一般在施工的上一年度内完成。

在已经进行了造林规划设计的单位，造林施工设计就比较简单。它的主要工作内容是，在充分运用调查设计成果的基础上，按下一年度计划任务量（或按常年平均任务量），选定拟于下一年度进行造林的小班，实地复查各小班的状况，根据近年积累的造林经验，种苗供应情况和小班实际情况，决定全部采用原设计方案或对原设计方案进行必要的修正，然后做各种统计和说明。小班面积是计算用工量、种苗量和支付造林费用的依据。所以，在施工设计阶段对小班面积的精度要求较高，如果调查设计阶段调绘和计算的小班面积不能满足施工设计的需要，应用罗盘仪（或 GPS）导线测量的方法实测小班实际造林面积。

在未曾进行过调查设计的单位，造林施工设计带有补做造林调查设计的性质，虽然仅限于年度造林的范围，但要求设计方案与总体上的宏观控制相协调，以免在执行中出现偏差。在林区做过森林经理调查（二类调查）的地方进行造林施工设计时，充分利用已有的二类调查成果，可节省设计工作量。

第二节　自然保护区的建立与设置

一、设立自然保护区的作用

（1）为人类提供自然生态系统的天然"本底"。

（2）自然保护区是各种生态系统以及生物物种的天然贮存库。

（3）自然保护区有助于维持其所在地区的生态平衡。

（4）自然保护区是科学研究的天然实验室，是专业教学的课堂。

二、自然保护区的类型

（一）自然生态系统保护区

根据自然地理带，在具有典型生态系统的地方建立的自然保护区，目的是保护完整的综合自然生态系统。

（二）生物种源自然保护区

（1）以保护某些珍贵动物资源为主的自然保护区。

（2）以保护珍稀孑遗植物及特有植被类型为目的的自然保护区。

（三）自然风景与历史遗迹保护区

这类自然保护区以保护自然风景与历史遗迹为主，它的自然特性显著，又具有公园性质，常常具有某些历史古迹。

（四）原始荒野地与水源山地保护区

由目前尚未受到人为影响或破坏的荒地与江河水源山地所划定的自然保护区。

（五）特殊地貌与化石保护区

以保护特殊的地貌类型、特殊的地质剖面与化石为主的自然保护区。

（六）河口与沿海自然保护区

以保护河口与沿海自然环境和自然资源为主要目的的自然保护区。

三、自然保护区选设的原则

（1）自然保护区应选设在比较原始的、长期以来未受或较少受到人为干扰的并具有代表性景观的地域。

（2）要注意保护对象的完整性，自然保护区应选设在生态系统与自然环境比较完整、生物种源比较丰富的典型地域。

（3）自然保护区要有最适宜的范围，因此保护区应具有足够的面积，面积的大小应视保护对象的群体生存、繁衍和发展所要求的最适范围而定。对于综合性、生态性自然保护区的设置，要注意尽可能把濒临灭绝种的种源分布地域包括进去。

（4）对于特定动植物资源保护区，应选设在分布区中具有典型生境，并在不远的将来具有较多分布数量的地域。有游迁特性的种类要给它们准备冬、夏两季栖息地或不同类型的生境。

（5）自然保护区的选设还应慎重考虑所在地的经济条件，尤其是交通条件。并应符合当地经济建设发展的远景规划。

（6）在选设自然保护区时应考虑群众生产、生活的需要，尽可能避开群众的土地、山林，确实不能避开的，应考虑严格控制其范围。

四、自然保护区的规划设计和经营管理

（一）自然保护区的规划设计

自然保护区在选定以后，就应建立筹备机构，并组织技术力量或由专业调查队进行调查规划设计。通过调查研究，按保护目的提出包括境界、面积、资源与筹建等内容的设计方案，并报主管部门审批。

自然保护区的调查，首先要查清地界范围、地形特点、各种资源分布情况，从而确定适用的调查方法。边界与面积确定后，要在边界上设立标桩。边界通常利用河、沟、山脊等明显分界线；面积大小决定于保护对象与保护目的。还要根据需要，考虑是否在保护区外围设置保护带。如果外围人类活动频繁，可设置保护带。

自然保护区的调查是综合性的。比如，以保护珍稀孑遗植物和特有植被类型为目的的自然保护区，既要调查其植物的种类、数量、分布特点，又要调查其生长条件（地形、土壤及气候特点）以及生活于这些群落中的动物、昆虫的主要种类。

（二）规划设计的内容

（1）保护区平面图的绘制，位置与面积的确定。

（2）保护区的区划。

（3）管理机构与研究机构的位置及其基本设施。

（4）观察点、亭、台的布局。

（5）道路布设，道路干线、支线的铺设应与区划相结合。

（6）通信线路的布设。

（7）检查站与防火设施的安排。

（8）经费估算与其他有关设计项目。

（三）自然保护区的经营管理

（1）积极向保护区内及当地的群众进行宣传教育，应与保护区内、外的乡、村行政部门建立联系，订立公约，使各级干部与当地群众了解设立保护区的意义与有关奖惩制度。

（2）在进入保护区的各个"门户"设立检查站，不准带具有破坏性的工具如刀斧、猎枪进山，也不准带未经许可的标本出山，严格禁伐禁猎。

（3）安排专人接待实习、旅游团体，使保护区成为野外课堂、旅游胜地，发挥其教育、训练的作用。

（4）做好防火工作，采取措施消除火源。

（5）开展常规性与专题性的科学研究。保护区可设研究所或研究室，开展多项研究，或者与高校、研究院所合作，开展调查研究工作。

第三节　国家森林公园

一、国家森林公园的概念

国家森林公园是保护区类型中发展到较高阶段的一种自然保护区。森林公园是以大面积的森林和良好的森林植被覆盖为基础，以森林为主要景观，兼有其他某些富有特色的自然景观和人文景观，具有多种功能和作用的地域综合体。它还是一个拥有众多物种基因库，为科学地研究自然科学、环境科学、人类科学和美学提供基地，其自然景观又给人以美的享受。森林公园属于自然保护区体系中的一种类型。

二、森林公园的分类

（一）按资源性质分

1. 自然景观类

是以自然地貌和动植物资源为内涵组成的森林公园。如有"泰山之雄、华山之险、峨眉之秀、黄山之奇"，森林覆盖率在 98% 的绿色宝库和天然动物园的张家界国家森林公园；有岛屿组成，独具湖光山色、森林茂密、湖水碧绿的千岛湖国家森林公园；有景色迷人、山清水秀、森林密布的九寨沟国家森林公园。

2. 人文景观类

是以人文景观为主、自然景观为辅组成的森林公园，如有庙宇 22 处、古遗址 97 处、碑碣 819 块、摩崖石刻 1018 处，历代宗教名流、文人墨客和帝王登山游览的泰山国家森林公园。

（二）按管理职能分

1. 国家级森林公园

科学、文化、观赏价值高，地理位置具有一定的区域代表性，有较高的知名度，如广西桂林国家森林公园。

2. 省级森林公园

科学、文化、观赏价值较高，在本省行政区域内具有代表性，有一定的知名度，如福州灵石森林公园。

3. 市、县级森林公园

森林资源具有一定的科学、文化和观赏价值，在当地具有较高的知名度。

三、森林公园的设计区划

（一）宏观设计区划

森林公园按其保护资源性质和景观开发的任务，其宏观设计区划一般都有两个区带或三个区带。

1. 景区

景区是森林公园的主要内涵，是核心区或精华区，是重点保护和开发利用的对象，该区有：

（1）植物景观区。

（2）动植物景观区。

（3）自然景观综合区。

（4）人文景观区。

（5）待开发的景观区。

2. 景区外围保护带

这种保护带随着景点集中或分散都有它的存在，但通常不作区划，只根据景点面积的大小划定带的宽度。

3. 周边地带

这是景区外围地段，根据景点集中或分散，划分整齐或宽窄不一的较大面积区域，在其中可组织安排一些小区或小景点。

（1）生态保护地段。

（2）游憩点。

（3）休养区。

（4）文体娱乐区。

（二）微观设计区划

微观设计区划是为了全面掌握森林公园的资源数量和质量，针对局部资源性质设计区划保护利用的管理措施，然后汇总全区的分类保护管理任务和建立资源档案，以便查证资源今后的变化状况或控制资源朝着有利于森林公园可持续发展的方向变化。因此，在宏观设计区划的基础上，进一步进行景区的林班、区班或景班的区划，再在其中划分小班或小景班。

森林公园一般不进行人工营造植被，通常是采取保护和封禁，通过自然力来恢复当地的自然群落。诚然，如需加速形成自然森林群落的过程，也可采取适当的人工更新或人工促进天然更新的方式进行。但这必须建立在对当地森林群落结构、演替过程了解的基础上。在森林公园设计、建设的过程中，要尽可能地维护和提高不同层次水平的生物多样性。

四、国家森林公园的建立与管理

（一）国家森林公园的建园依据与标准

我国幅员辽阔，自然地理条件复杂，气候变化多端，动植物资源丰富，并有许多闻名世界的珍奇物种。森林、草原、水域、湿地、荒漠、海洋等各种类型繁多，同时有许多自然历史遗迹和文化遗产。它们的存在，为我国建立国家森林公园奠定了良好的基础，建园可依据自然保护对象分别进行。

国家森林公园建园的一般标准包括：

（1）区域内野生生物资源（包括微生物、淡水和咸水水生动物、陆生和陆栖动植物、无脊椎动物、脊椎动物）和这些动植物赖以生存的生态系统和栖息地，应得到完整的保护。

（2）区域内自然资源（包括非生物的自然资源，如空气、地貌类型、水域、土壤、矿物质、泉眼或瀑布等）应得到完整的保护。

（3）具有美学价值和适于游憩的景观应得到完整的保护。

（4）应消除各种存在于该区域的威胁、破坏与污染。

（二）国家森林公园的区划与管理

国家森林公园实行区域划分，受保护的地带面积应在 1000hm^2 以上（经营区和游览区不在此内）。根据各自不同的景观和物种特点，将国家森林公园划分为特别保护区、自然区、科学试验区、缓冲区、参观游览区、公益服务区等不同区域，各个区域按不同的功能和要求进行设计与建设。特别保护区内禁止搞一切设施建设；自然科学试验区不搞大的设施建设；游览区和公益服务区的建筑房屋应与自然环境和谐一致、融为一体，突出自然的特点。

（1）国家森林公园管理机构应具有对国家区域内一切自然环境和自然资源行使全面管理的职权，其他单位和部门应予以理解和支持。

（2）管理机构应按国家森林公园的宗旨和要求进行管理，不得曲解和偏离。

（3）管理机构应协调好与当地居民的关系，尽可能向他们提供与建设国家森林公园有关的就业机会和劳务工作。

（4）国家森林公园管理机构应与研究机构、大学和其他科研组织进行合作，对在国家森林公园内进行的科学研究给予支持并实施有效的管理，同时向社会公众宣布和解释科学研究的意义和科研成果。

（5）国家森林公园管理机构应对在国家森林公园内开展的旅游活动和规模进行有效的管理，并通过科学的统计和分析，提出控制旅游的时间和人数及开放的季节，以确保国家森林公园不被其干扰和破坏。

第四节　城市防护林的建立

一、绿色植物对环境污染的净化效益

森林是陆地上最大的生态系统，具有保护环境、保持生态平衡的作用。在森林地带，射到森林的太阳辐射绝大部分被树冠吸收，而森林强大的蒸腾作用，在白天和夏季，使林内不易增温，到夜间和冬天，林内热量又缓慢散失，所以降低了最高温度和增高了最低气温；另外，林内温度低了，相对湿度就大，森林越多，森林地区及其周围空中湿度就大，降温也就越明显，所以，森林调节小气候的作用是极为显著的。林冠不仅可以阻截15% ~ 40%的降水，而且林下的枯枝落叶层可以阻止雨水直接冲击土壤，阻止地表径流，把地表径流降到最低程度，起到了涵养水源和防止水土流失的作用。由于森林的存在，可以有效地影响气团流动的速度和方向，林木枝干和树叶的阻挡，有效地在一定距离内降低风速，防止风沙之害。

随着人民物质文化水平的不断提高，人们都希望能在一个风景优美、空气新鲜和清洁、宁静的环境中工作、学习、休息、娱乐和疗养。森林，也只有森林，才能够提供这样一个理想的环境。

二、城市防护林建设的总体要求

一个布局合理的城市防护林，应该具备以下四个条件：

（1）要有足够的绿地面积和较高的绿化覆盖率。一般要求绿化覆盖率应大于城市总用地面积的 30% 以上，人均公共绿地面积应达到 $10m^2$ 以上。

（2）结合城市道路、水系的规划，把所有的绿化地块有机地联系起来，互相连接形成完整的绿带网络，而各种绿地都具备合理的服务半径，达到疏密适中，均匀分布。

（3）要有利于保护和改善环境。在居民居住区与工矿区之间，要设置卫生防护林；在城市设立街路绿地，城市周围建立防风林；在江、河两岸设立带状绿地或带状公园，建设护岸林、护堤林；在丘陵区建设水土保持林和水源涵养林；使市区的各功能分区用绿带分隔，对整个市区环境起到保护和改善的作用。

（4）选择适应性强的绿化植物。要因地制宜地选择绿化树种及草种，做到适空适树、适地适树、适地适草，以最大限度地达到各种绿地的净化功能。同时，要通过丰富的植物配置和较高的艺术装饰达到美化环境的要求。

三、城市防护林的组成

城市防护林是具有多种不同防护功能的块状、片状和带状绿地。大体上可分为以下几类：防风固沙林，毒、热防护林，烟尘防护林，噪声防护林，水源净化林，水源涵养林，农田防护林，水土保持林，等等。毒、热防护林，烟尘防护林，噪声防护林也可合称为卫生防护林。

（一）防风固沙林

防风固沙林主要是防止大风以及其所夹带的粉尘、沙石等对城市的袭击和污染。同时也具有可以吸附市内扩散的有毒、有害气体对郊区的污染以及调节市区的温度和湿度的作用。

（二）卫生防护林

城市上空的大气污染源主要来自城市的工矿企业。由于落后的生产工艺，在生产过程中散发出大量的煤烟粉尘、金属粉末，并夹杂着一定浓度的有毒气体。随着对城市环境污染改造和治理的要求，充分运用乔木、灌木和草类能起到过滤作用，减少大气污染，同时能吸收同化部分有毒气体的性能，在工业区和居民生活区之间营造卫生防护林是很重要的一个措施。

四、防护林的建设

要搞好防护林的绿化，一定要依据适空适树、适地适树的原则，做到因地制宜。所谓适空、适地，即要了解清楚绿化地的土壤情况、地势的高低、地下水位的深浅、风向及风向频率、空气中含有的有害气体情况等。根据这些条件的情况，选择适宜的防护林造林树种，确定防护林带的走向、结构、主副林带的宽度、带间距离、建设规模和林带株行距等。

由防护林带结构决定，在进行树种选择时还应考虑到乔、灌、草的合理配置，尤其是疏透式结构和紧密式结构的树种选择，既要选择阳性树种，又要配备乔木下种植的耐阴灌木，甚至再种植第三层低矮的地被植物或草坪植物，形成多层次的绿化结构。在进行树种选择时，还要尽可能做到针、阔混交或常绿植物和落叶植物的混交，形成有层次的混交林带，尤其在北方地区，往往是春季干旱、多风的气候特征，针、阔混交的防护林带，可以提高春季多风季节的防风效果。

栽植防护林的季节也应因地制宜。在北方地区，一般应在树木进入冬季休眠期后，只要避开严寒的天气，均可以种植。在冬季土壤不冻结的地方，可进行秋季造林。但不管是何时造林，都必须保证土壤有充足的水分。

第五节　郊区森林的培育

一、远郊森林的类型与特点

远郊森林从类型上说主要包括两类，一类是自然保护区，另一类是国家森林公园。

（一）自然保护区

1. 自然保护区的概念及其意义

自然保护是对人类赖以生存的自然环境和自然资源进行全面的保护，使之免于遭到破坏，其主要目的是保护人类赖以生存、发展的生态过程和生命支持系统（如水、土壤、光、热、空气等自然物质系统，农业生态系统、森林、草原、荒漠、湿地，湖泊、高山和海洋等生态系统），使其免遭退化、破坏和污染，保证生物资源（水生，陆生野生生物和人工饲养生物资源）的永续利用，保存生态系统、生物物种资源和遗传物质的多样性，保留自然历史遗迹和地理景观（如河流、瀑布、火山口、山脊山峰、峡谷、古生物化石、地质剖面、岩溶地貌、洞穴及古树名木等）。

建立自然保护区是为了拯救某些濒于灭绝的生物物种，监测人为活动对自然界的影响，研究保持人类生存环境的条件和生态系统的自然演替规律，找出合理利用资源的科学方法和途径。因此，建立自然保护区有如下重要意义：

（1）展示和保护生态系统的自然本底与原貌。

（2）保存生物物种的基因库。

（3）科学研究的天然试验场。

（4）进行公众教育的自然博物馆。

（5）休闲娱乐的天然旅游区。

（6）维持生态系统平衡。

2. 自然保护区的设置

自然保护区设置的原则主要包括自然保护区的典型性、稀有性、自然性、脆弱性、多样性和科学性等方面。

3. 自然保护区设计的主要任务

（1）自然保护区通常由核心区、缓冲区和试验区组成，这些不同的区域具有不同的功能，自然保护区设计的首要任务就是要把自然保护区域按不同作用与功能划分地段，进行自然保护区的功能区划，并确定每一功能区必要的保护与管理措施。

（2）编制自然保护区内图面资料，如地形图、地质地貌图、气候图、植被图、有关文字资料等；建立自然年代记事册，观察记载保护对象的生活习性及其变化情况。

（3）配置一定的科研设备，包括有关的测试仪器、试验室、表册图片等，与有关大学或科研机构开展多学科的合作研究。

（4）根据自然保护区的旅游资源和自然景观的环境容量，确定自然保护区单位面积合理的和可能容纳的参观旅游人数，控制人为对生态系统及自然景观的干扰与破坏。

（二）国家森林公园

关于国家森林公园的相关内容可以参考本章第三节相关内容，这里不再重复赘述。

二、近郊森林的类型与特点

近郊森林是指城市周围（城乡接合部）建设的以森林为主体的绿色地带。就我国城市近郊森林类型分析，主要是以防护林为主的防风林带、以水土保持为主的城郊水土保持林、以涵养水源为主的水源涵养林，还有近郊人工种植或天然遗留下来的带状或丛状小面积片林（隔离片林）以及人为设置的各种公园、休闲娱乐设施中的林木。这些绿带既可改善生态环境，为市区居民提供野外游憩的场所，又可作为城乡接合部的界定位置，控制城市的无序发展，其功能是多方面的。

（一）防风林

近郊防风林是在干旱多风的地区，为了降低风速、阻挡风沙而种植的防护林。防风林的主要作用是降低风速、防风固沙、改善气候条件、涵养水源、保持水土，还可以调节空气的湿度、温度，减少冻害和其他灾害的危害。

（二）水土保持林

近郊水土保持林是指按照一定的树种组成、一定的林分结构和一定的形式（片状、块状、带状）配置在水土流失区不同地貌上的林分。

由于水土保持林的防护目的和所处的地貌部位不同，可以将其划分为分水岭地带防护林、坡面防护林、侵蚀沟头防护林、侵蚀沟道防护林、护岸护滩林、池塘水库防护林等。

（三）水源涵养林

水源涵养林是指以调节、改善水源流量和水质的一种防护林类型，也称水源林。作为城市森林的主要部分，水源涵养林属于保持水土、涵养水源、阻止污染物进入水系的森林类型，主要分布在城市上游的水源地区，对于调节径流，防止水、旱灾害，合理开发、利用水资源具有重要意义。水源涵养林主要通过林冠截留、枯枝落叶层的截持和林地土壤的调节来发挥其水土保持、滞洪蓄洪、调节水源、改善水质、调节气候和保护野生动物的生态服务功能。

（四）风景游憩林

一般来说，风景林是指具有较高美学价值并以满足人们审美需求为目标的森林，游憩林是指具有适合开展游憩的自然条件和相应的人工设施，以满足人们娱乐、健身、疗养、休息和观赏等各种游憩需求为目标的森林。虽然风景林和游憩林在主导功能上有区别，但通常森林既能满足人们的审美需求又能满足综合游憩需求，人们常把这样的森林总称为风景游憩林。

三、郊区森林的营造

（一）远郊自然保护区和国家森林公园森林的营造

由于自然保护区和国家森林公园距离城市较远，同时植被多为天然植被，因此，一般情况下在自然保护区和国家森林公园内的森林不需要进行人工造林。但是，由于近年来城市居民对于回归大自然的渴望，到自然保护区或国家森林公园进行休假或旅游的人数不断增加。因此，在国家森林公园或自然保护区内有计划地开辟一些供游人娱乐、休息和体育活动的场所，野营休闲地和必要的相关设施，已成为这些远郊森林地区整体规划的一部分。由此在自然保护区或国家森林公园内外栽植一些观赏性强、美观或具有强烈绿荫效果的林木已成为一种重要的补植手段。

（二）近郊森林的营造

近郊森林的类型是多种多样的。但从主体上讲，主要有四大类型；一是防护林（如防风林、防污减噪林等）；二是水土保持林；三是水源涵养林；四是风景游憩林，主要包括近郊公园（如水上公园、森林公园、纪念性游园，以及各种文化景点等）。对于不同的近郊森林类型，其造林技术是有差异的。

1. 近郊防风林的营造

城市近郊防风林的营造，关键的技术措施是选择造林树种，并且配置和设计具有不同走向、结构及透风系数的防风林带。一般的城市防风林都是呈带状环绕在市区和郊区的接合部，而有害风的风向每个城市都不尽相同，因此，防风林带的设置就应当与当地主害风风向垂直。对于我国北方城市，一般冬春季是大风季节，而且盛行风向大多为西北风。因此，在这些城市中防风林带主要应设置在城市的西北部，并且与主害风方向垂直。树种选择也应最好选用常绿的松柏类树种，因其冬季不落叶、防风阻沙能力较好。

一般北方地区近郊防风林带选用的树种有沙枣、小叶杨、青杨、二白杨、新疆杨、白榆、旱柳、樟子松、油松等。

2. 水土保持林的营造

近郊区与市区相比，虽然人为活动的影响程度有所降低，但与远郊森林类型相比，人类生产活动对它的影响仍然是很大的。如果破坏了原有植被，易引起水土流失，特别是坐落在山区或者有一定坡度的城市，这种水蚀现象就更为严重。而营造水土保持林是解决市郊水土流失问题的关键所在。水土保持林在北方地区常用的造林树种有油松、沙棘、锦鸡儿、紫穗槐、旱柳等。

3. 水源涵养林的营造

水源涵养林的主要营造技术包括树种选择、林地配置等内容。

（1）树种选择和混交：在"适地适树"原则指导下，水源涵养林的造林树种应具备根量多、根域广、林冠层郁闭度高、林内枯枝落叶丰富等特点。因此，最好营造针阔混交林，其中除主要树种外，要考虑合适的伴生树种和灌木，以形成混交复层林结构。同时选择一定比例的深根性树种，加强土壤固持能力。在立地条件差的地方，可考虑以对土壤具有改良作用的豆科树种作为先锋树种；在条件好的地方，则要用速生树种作为主要造林树种。

（2）林地配置和造林整地方法：在不同气候条件下采取不同的配置方法。在降水量多、洪水危害大的河流上游，宜在整个水源地区全面营造水源林。为了增加整个流域的水资源总量，一般不在干旱、半干旱地区的坡脚和沟谷中造林，因为这些部位的森林能把汇集到沟谷中的水分重新蒸腾到大气中去，减少径流量。总之，水源涵养林要因时、因地设置。水源林的造林整地方法与其他林种无太大区别。

4.近郊风景游憩林的营造

森林游憩就是在森林的环境中游乐与休憩，森林植被景观是旅游基本诸要素中游客访问的主要客体，同时也是对游憩的舒适度影响最广泛的因素，而近郊风景游憩林主要就是为城市居民提供森林游憩、观光、度假等服务功能。所以，可以通过营造、更新与抚育来全面改进风景游憩林的森林景观，以良好的、有地方特色的植物及森林景观来吸引游客。同时，通过营造、更新与抚育来提高森林健康水平和预防病虫害能力，这对增强森林自身的吸引力以及促进森林游憩业的蓬勃发展具有十分重大的意义。

四、郊区森林的抚育与管理

（一）远郊森林的抚育与管理

自然保护区或国家森林公园的森林抚育与保护措施主要是对这些地区的森林管理问题，抚育措施与一般天然森林相同。对植被已发生退化的地段，采用封育措施进行抚育与保护。封育的具体实施过程如下：

（1）划定封育范围，或规划封育宽度。

（2）建立保护措施，在封育区边界上建立网围栏、枝条栅栏、石墙等。

（3）制定封禁条例。

对天然更新良好的自然保护区和国家森林公园的森林可采用渐伐、择伐、疏伐等方式进行抚育，以促进森林可持续发展，同时还能生产一定的木材，获得部分经济效益。

自然保护区和国家森林公园管理与保护的好坏，标志着一个国家在自然保护领域的科学技术、管理人员素质、管理措施和手段以及宣传教育等方面的水平高低，也反映出国家和社会公众对自然保护的重视程度。每一个自然保护区和国家森林公园都应认真详细地制订各自的管理计划。按管理计划来行使对自然保护区和国家森林公园的管理。管理计划一经上级批准后，即成为自然保护区和国家森林公园管理机构一定时期内管理的准绳。自然保护区和国家森林公园管理机构应向公众阐明管理计划内容，以便让公众进行监督。

（二）近郊森林的抚育与管理

近郊森林无论是防护林、水土保持林、水源涵养林还是各种风景园林的林木，除少数特殊情况（如城市郊区本身就是天然森林分布）外，一般都属于人工林。因此，适于人工林抚育管理的各项管理措施，均适用于城市近郊森林的抚育和管理，目前生产实践中主要的管理措施如下所述。

1. 林地的土壤管理

林地的土壤管理主要包括灌溉、施肥、中耕除草、培垄等技术措施。

（1）灌溉管理。一般城郊地区都具备各种灌溉条件，为了确保市郊森林的成活和保存，应当进行适当的灌溉。在降水丰沛的城市地区，一般只在造林时灌溉一次。但在干旱、半干旱的缺水城市地区，则应根据气候状况、土壤水分状况等进行定期或不定期的灌溉。灌溉方式主要有漫灌、渠灌、喷灌、滴灌、渗灌等，在有条件的城市地区，最好能采用比较节水的灌溉方式，如喷灌、滴灌、渗灌等。

（2）施肥管理。对于市郊各种类型的森林生长发育都有很重要的作用，它可以促进林木生长发育，缩短成材年龄，提前发挥森林的各种效益，特别是对于郊区的果园和其他经济林木，施肥是一项不可缺少的抚育管理措施。

（3）中耕除草。作用有两方面：一是松土，改善林地土壤的通气条件，有利于林木根系生长发育，促进林木生长。二是除草，消除杂草对林木在光照、养分等方面的不利竞争，为林木生长提供更好的生长环境。除草的主要方式有人工除草、机械除草和化学除草等。

（4）培垄。就是在幼树中沿栽植行将土培于幼树根际周围，使其呈垄状，其优越性是垄沟可蓄水保墒，垄梗可扩大幼树林下的空间营养面积，促进不定根生长。培垄时间应在雨季之前进行。

2. 树体管理

树体管理的主要措施是修枝。修枝时间应在幼树郁闭成林后进行，一般是为了控制侧枝的生长。修枝方法主要有以下三种。

（1）促主控侧法：此法适用于侧枝较多、枝条较旺的树种，如榆、杨等，主要是除掉过多的或者衰弱的枝条。

（2）针叶树修枝：一般在造林5年后进行，这时生长变快，第一次修枝后，隔 4 ~ 5 年再修一次，每次从基部往上修去侧枝 1 ~ 2 轮。对双尖树，要去弱留强，对下层枝强的树要修下促上。

（3）树冠整形修枝法：主要是针对观赏树木的一种修枝方法，树冠整形，要做到适量适度，并且要能够使树冠形成良好的形态和结构。

3. 林分保护管理

（1）林木病虫害的防治：具体防治措施与市区森林病虫害防治方法相同。

（2）气象灾害的防治：主要防止冻拔、雪折、风倒、日灼等。防治风倒的方法是栽植时踏实，防治手段可以通过深植或埋土予以解决。防止雪折的方法是营造混交林。

（3）人畜危害的防治：人畜对森林的危害既是技术问题，也是社会问题。解决的办法是全面区划、综合治理。建立健全护林组织，加强法治。在技术措施上可采取围栏保护的方法等。

（4）防火：各种郊区森林主管单位均应建立健全护林防火组织，制定防火制度，严格控制火源。林内制高点架设瞭望塔并设立防火道，当发现火源时及时向上级报告并组织灭火。

参考文献

[1] 彭丽. 现代园林景观的规划与设计研究 [M]. 长春：吉林科学技术出版社，2019.

[2] 陈晓刚. 园林植物景观设计 [M]. 北京：中国建材工业出版社，2021.

[3] 陆娟，赖茜. 景观设计与园林规划 [M]. 延吉：延边大学出版社，2020.

[4] 黄波. 园林景观与植物景观规划设计研究 [M]. 成都：电子科技大学出版社，2018.

[5] 何浩. 园林景观植物 [M]. 武汉：华中科技大学出版社，2016.

[6] 戴欢. 园林景观植物 [M]. 武汉：华中科学技术大学出版社，2021.

[7] 闫辉，朱向涛，刘哲. 园林花卉 [M]. 石家庄：河北美术出版社，2019.

[8] 潘远智. 园林花卉学 [M]. 重庆：重庆大学出版社，2021.

[9] 田雪慧. 园林花卉栽培与管理技术 [M]. 长春：吉林科学技术出版社，2020.

[10] 王国夫. 园林花卉学 [M]. 杭州：浙江大学出版社，2018.

[11] 李垣. 森林与城市：城市林地的文化景观 [M]. 西安：西安电子科技大学出版社，2019.

[12] 温亚利. 城市林业 [M]. 北京：中国林业出版社，2020.